藍海文化

Blueocean

教學啟航．知識藍海

資訊技能與實作

劉智偉、王調榮、林柏宇　著

樹德科技大學通識教育學院　監製

麗海文化

BO7701

資訊技能與實作

國家圖書館出版品預行編目(CIP)資料

資訊技能與實作 / 劉智偉, 王調榮, 林柏宇作.
-- 初版. -- 新北市 : 藍海文化, 2017.09
　　面；　公分
ISBN 978-986-6432-89-7(平裝)

1.網路科技 2.電腦網路

312.16　　　　　　　　　　　106013643

版次：**2017年9月初版一刷**

作　　者	**劉智偉、王調榮、林柏宇**
發 行 人	楊宏文
總 編 輯	蔡國彬
責任編輯	林瑜璇
封面設計	**余旻禎**
版面構成	徐慶鐘
出 版 者	藍海文化事業股份有限公司
地　　址	234新北市永和區秀朗路一段41號
電　　話	(02)2922-2396
傳　　真	(02)2922-0464
購書專線	(07)2265267 轉 236
法律顧問	林廷隆 律師

Tel : (02)2965-8212

藍海文化事業股份有限公司　版權所有·翻印必究

Copyright © 2017 by Blue Ocean Educational Service INC.

本書若有缺頁、破損或裝訂錯誤請寄回更換

推薦序

　　人工智慧快速發展下，具有學習能力的類神經網路電腦在對弈上已完勝人類；VR 虛擬實境，被大量運用於視聽娛樂，刺激度百分百！現今導航系統，透過 AR 實境擴增，讓您在看到真實的環境，引導您正確的到達目的地；物聯網讓生活更便利，透過智慧型手機可遠端搖控家中的冷氣、電燈、咖啡機甚至瓦斯開機。

　　電影《鋼鐵人》中，男主角東尼史塔克與他的人工智慧管家的對話內容，讓人印象深刻；真實世界裡已可看到機器人 Pepper 跟人類交談，且提供簡單的資訊；軍方研發類似駝馬的機器獸，可在戰場上載送彈藥物資等等，未來機器人將大量被使用於生活中；無人駕駛車即將在高雄搭載觀光客前往觀光景點使用！全球 1/4 人口使用的臉書，用戶正式突破 20 億人；及最近深受年輕人喜愛而快速竄起的影像分享平台 Instagram，但您是否有擔心過個資外洩？帳號被盜用？是否有設定過安全認證？

　　以上這些科技都已在生活中出現或未來中會產生，但您所學的電腦資訊之相關知識，是否能跟上時代且更新呢？透過本書的引導，讓讀者先從個人電腦、平板、智慧型手機等工具瞭解雲端程式的應用，再依照圖像實際引領您操作，並應用到實際的生活上，使您在未來的職場上，得心應手！

曾宗德

樹德科技大學　通識教育學院　自然科學組教授
兼　通識教育學院院長
兼　成人學習與休閒遊憩研究中心主任
兼　客家文化研究暨推廣中心主任

目錄

Week
1
開始接觸 Google

第一節 申請 Google 帳號

　　市面上有很多智慧型手機的作業系統，例如常見的 Android、iOS，曾紅極一時的 BlackBerry、Symbian 和 Windows Phone，但如果要有全方位功能，筆者推薦使用 Google，因為它的功能包含了吃、喝、玩、樂，只要你有一個 Google 帳號、一部支援 Android 的智慧型手機和一台電腦（無論是桌電或筆電），你就可以免費使用很多 Google Apps！

　　有以上這麼多優點，總是要先踏出第一步：有一台可上網電腦、網路瀏覽器，同學會問電腦要多快才夠用？這沒有一定答案，端看你需要的功能而定，你如果有在玩桌遊，那建議你買 Intel [1] 公司的 i7 系列 CPU，記憶體 8G 以上，SSD 固態硬碟，再配一張 NVIDIA [2] 公司的 GeForce GTX 1080 的顯示卡，不管你玩什麼遊戲，都可以跟《玩命關頭 8》一樣順暢！

　　如果你只是想要上上網、看看 PTT、線上購物，刷一下 WooTalk 或要過這門課，那麼建議你買 Intel 公司的 i5 系列 CPU，記憶體 4G 以上，512GB 以上 7200 轉的傳統硬碟再搭配主機板內建的顯示卡就足夠了。

　　至於網路速度的話，當然是越快越好！但要花的 $$ 也越多！所以筆者建議，如果家裡只有你一人使用網路，那 8M 以上的網路速度才不會讓你 Lag，特別是打 LOL [3] 的時候；如果家裡也有其他人會一起使用網路，那就建議要 60M 以上，現在（2017/4）有些第四台業者推出 300M 的上網方案就很適合全家人一起使用，畢竟現在一人一手機之外，還有平板、桌電、筆電，還有可上網型電視，要看韓劇、看 Netflix，頻寬不能太小，也許將來連冰箱、洗衣機、飯鍋、咖啡機也都可以上網，運用大數據功能，到網路去抓取食物生產履歷、衣物的洗淨參數、米飯的最佳泡煮時間、咖啡豆的品種及沖泡時間等等，物聯網將是未來，哦，正確說是現在最夯的科技應用，會顛覆我們以前對 3C 產品的想法。

---

1. Copyright © Intel Corporation. All rights reserved. Intel Corporation: 2200 Mission College Blvd., Santa Clara, CA 95052-8119, USA.

2. Copyright © 1997-2014, NVIDIA Corporation. All right reserved. NVIDIA: 2701 San Tomas Expressway Santa Clara, CA 95050, USA.

3. 遊戲《英雄聯盟》的縮寫。

接下來我們就來申請一個 Google 帳號：

Step1 請到 Google 首頁，搜尋「新增 Google 帳戶」。

Step2 請選擇「建立您的 Google 帳戶」。

Setp3 開始依照欄位需求，鍵入資料，如果沒有手機可以忽略行動電話。

建立您的 Google 帳戶

只要一個帳戶，即可暢行所有 Google 產品與服務

只要使用一個免費帳戶，就能盡享各種豐富的 Google 服務。

G M ✉ ▶ ☁ ✦ ▶ ◉

隨時隨地使用所有服務

可在不同的裝置間切換，作業不中斷。

名稱

| 我是 | 作者 |

選擇您的使用者名稱

iamastuwriter　　　　　　@gmail.com

我想要使用目前的電子郵件地址

建立密碼

確認密碼

生日

| 2000 | 1 月 ⬦ | 1 |

性別

不願透露

行動電話

國 ▾　+886

您目前的電子郵件地址

Step4 讀一下使用協議內容，然後按「我同意」。

我們為什麼要處理這些資料

我們會將這些資料用於 Google 政策中列載的用途，包括：

- 協助 Google 服務提供更實用的個人化內容，例如關聯性更高的搜尋結果；
- 改善 Google 服務品質及開發新的服務；
- 在 Google 服務以及與 Google 合作的網站和應用程式中，放送個人化的廣告；
- 防範詐騙和濫用行為，進一步確保使用者安全；以及
- 進行分析及評估，以瞭解各項 Google 服務的使用狀況。

合併資料

為了上述用途，我們也會將 Google 各項服務及您裝置上的相關資料合併。舉例來說，我們會採用您的 Google 搜尋和 Gmail 使用資訊向您顯示相關廣告，還會根據數兆筆查詢資料建立字詞校正模式，供 Google 各項服務使用。

取消　　　我同意

Step5 一不小心就完成！是不是很簡單！

Step6 點擊上圖的 M 圖案，看看第一封信的內容吧！

第二節　手機號碼認證

俗語說：道高一尺，魔高一丈，帳號被盜的情況從 Yahoo 信箱、無名相簿等等就屢見不鮮，所以這一節我們要來設定兩步驟驗證，避免 Google 帳號被盜走，而兩步驟驗證最方便的方法就是使用智慧型手機和一個門號來認證，讓我們一步步設定下去。

Step1 點擊視窗右上角圓形圖案後，再選擇「我的帳戶」。

Step2 選擇登入和安全性。

Step3 點選「備援電話號碼」。

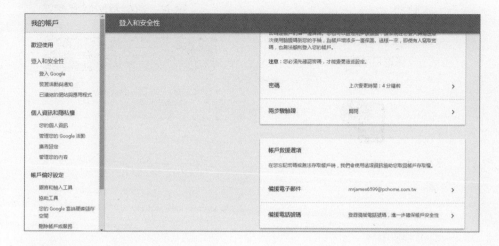

Step4 選擇「新增備援電話號碼」。

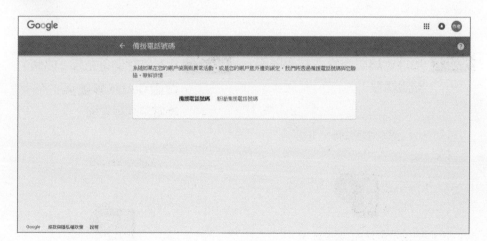

Step5 鍵入你的行動電話號碼再按下驗證。

Step6 這時，Google 會發一封簡訊給你，這就是驗證碼簡訊。

Step7 把這個驗證碼輸入到剛剛的驗證欄裡。

Step8 行動電話備援完成，如此，這個 Google 帳號與你的行動電話就綁定囉！

Step9 再回到「登入和安全性」，選擇兩步驟驗證。

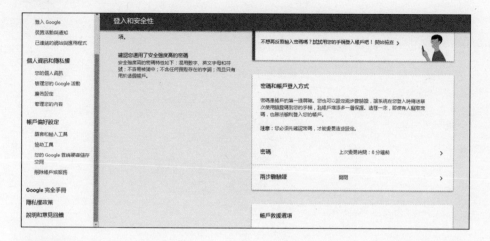

Step10 按下「開始檢查」。

Step11 Google 會要求你再輸入一次密碼，確定是擁有者本人。

Google

請重新輸入您的密碼

作者

我是作者
iamastuwriter@gmail.com

••••••••••••

登入

需要協助嗎？

Step12 選擇「傳送簡訊」的方式來取得驗證碼，而驗證碼會傳送到剛剛綁
定的手機號碼。

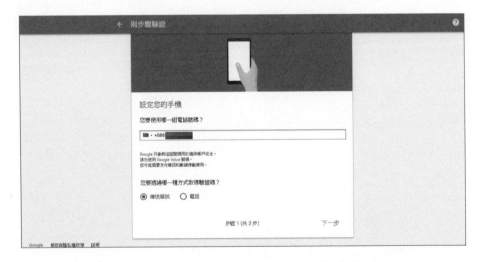

Step13 你的手機會再收到第二封簡訊，把這個驗證碼再輸入一次。

Step14 完成以上的程序後，按下「開啟」後，就如同有銅牆鐵壁般的保護囉！

第三節 離線 Authenticator

完成兩步驟驗證之後，只要你的手機不離身，你的 Google 帳號就很難被別人盜走，因為不明人士沒有正確的驗證碼，所以無法登入使用你的帳號！是不是安全多了！但若是你人在地下室或沒有手機訊號的地方，收不到簡訊時怎麼取得驗證碼？在 Google Play 裡有一個 Authenticator 的 APP，可以在沒有網路、沒有手機訊號的狀況下產生驗證碼，步驟如下：

Step1 在剛剛的兩步驟驗證裡，按下「Authenticator」。

Step2 依照你的手機作業系統選擇。

Step3 在你的手機端，進入 Google Play 裝好 Authenticator，執行後，按右下角紅色的加號。

Step4 選擇「掃瞄條碼」。

Step5 用智慧型手機去掃瞄電腦螢幕上的 QR Code。

Step6 掃瞄完之後，就會產生驗證碼。

Step7 把產生的驗證碼在改變成新號碼以前，輸入電腦作驗證。

Step8 完成 Authenticator 認證！就不用怕 Google 帳號被盜囉！

Step9 之後如果到別台電腦登入 Google，就會跳出這個畫面，要輸入正確的驗證碼才能使用你的 Google 帳號哦！安全性大大的增加！

Week

2

Google 功能樣樣通

第一節 功能 1：如何設定通訊錄與新增聯絡人

Step1 登入你個人 Gmail 信箱後，首先點擊左上角郵件選項中的「通訊錄」。

Step2 選取左上角的「新增聯絡人」圖示，開啟新增聯絡人視窗。

Step3 輸入名稱、電子郵件地址及聯絡電話，最後按下返回按鈕即完成儲存。

Step4 Google 通訊錄提供匯出與匯入的功能。可將你個人通訊錄中聯絡人資訊匯出或是匯入。首先介紹匯出功能，選擇圖示中「更多」選項中的「匯出」功能。

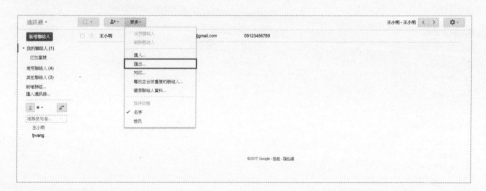

Step5 新視窗中選擇匯出「所有聯絡人」，匯出格式為「Google CSV 格式」
（如果你未來要匯入電腦 Microsoft Outlook 則可選擇第二種 Outlook
CSV 格式）後，按下「匯出」按鈕。

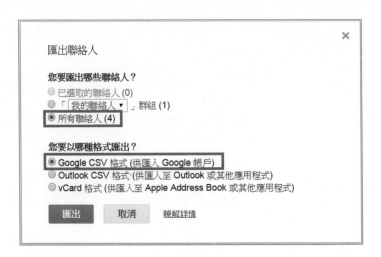

Step6 接著輸入另存新檔路徑與檔案名稱後，按「存檔」即可完成通訊錄
聯絡人的匯出。

Step7 接著介紹通訊錄匯入功能，選擇圖示中「更多」選項中的「匯入」
選項。

Step8 在新視窗中，按下「選擇檔案」按鈕。

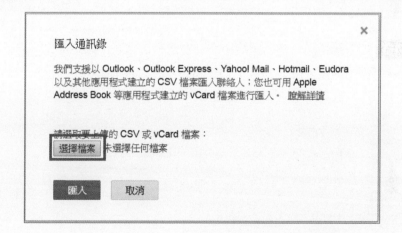

Step9 接著請選擇你剛剛匯出的通訊錄檔案後，按下「開啟」按鈕。

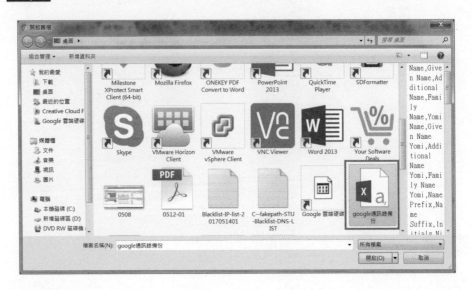

Step10 如下圖所示，在「選擇檔案」右邊有正確顯示剛剛選擇的通訊錄檔案名稱後，按下「匯入」按鈕即可完成通訊錄的匯入功能。

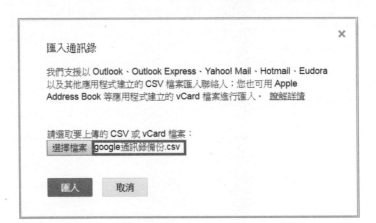

第二節　功能 2：如何修改語系

Step1　登入 Gmail（http://mail.google.com），登入後在右上選取「設定」。

Step2　選取一般，再選取「語言」。如圖示選擇中文（繁體）。

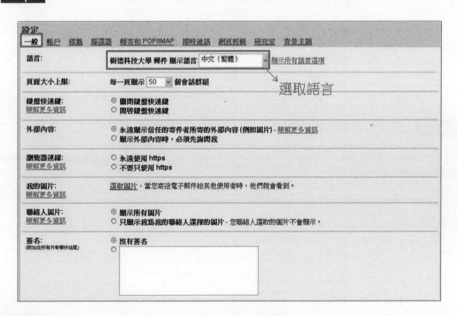

Step3　最後按下「儲存變更」，即完成修改動作。

第三節 功能 3：如何設定簽名檔

Step1 首先登入 Gmail（http://mail.google.com），輸入帳號及密碼。

Step2 選取右上角齒輪狀圖案中的「設定」選項。

Step3 在視窗底下有一欄簽名欄位，可供你輸入個人簽名檔。

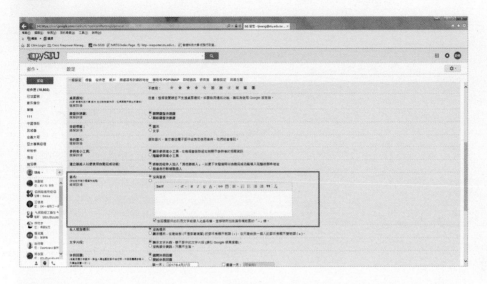

Step4 接著請在該欄位裡面撰寫屬於你個人風格的「簽名檔」，然後點選「儲存變更」即可。

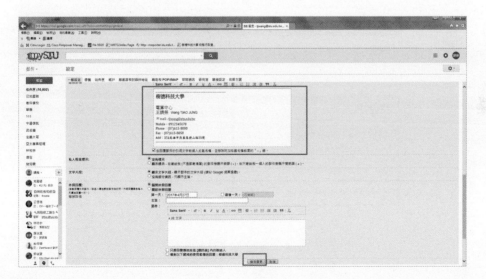

Step5 接下來，請你撰寫一封新郵件。點選左上角的「撰寫」按鈕。

Step6 開啟的新郵件中，你就可以看到剛剛設定的個人風格「簽名檔」已經出現在信件內文裡，是不是很特別呢！

第四節 功能 4：如何使用 Google 日曆

一、如何進入日曆？

Step1 登入 Gmail 後，點選右上角的九宮格即可進入如右圖所示畫面，並點選「日曆」。

二、如何建立活動？

Step1 按一下想要建立新活動的日期。如果活動時間超過 1 小時，請按一下並拖曳至適當位置。在方塊中輸入新活動的標題和活動時間，最後按一下「建立」，就可以立即將活動發佈到你的日曆。

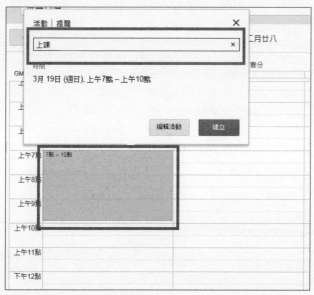

三、使用「建立」連結建立活動

Step1　只要按一下你日曆左欄中的「建立」即可。這個連結會帶你進入另一個網頁，你可以在這裡任意輸入關於此活動的詳細資訊。在此網頁上，你也可以新增來賓、變更提醒設定和將活動發佈給其他使用者。一旦你輸入了適當的資訊並選取所需設定後，請務必按一下「儲存」。

四、如何建立重複的活動？若要建立重複的活動，只要執行下列步驟即可：

Step1　建立活動，然後前往活動詳細資訊網頁。

Step2 於網頁上的活動時間區段中輸入時間，並勾選「重複顯示」。從標題
為「顯示頻率」的下拉式選單中選取適當的時間間隔，並填入活動
的其他細節，最後請記得按一下「儲存」。

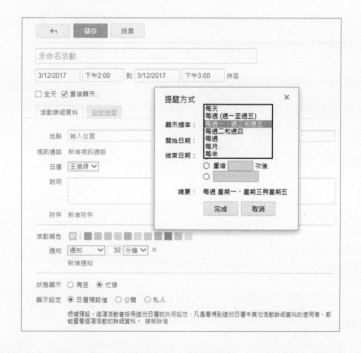

五、個別活動的隱私設定

你可從下列選項進行選取,以控制日曆上個別活動的顯示情形:

• 預設

選取這個選項時,活動的隱私設定將仿照日曆的隱私設定。亦即,若你的日曆是私人性質的,則在日曆上所有排定的活動將預設為私人。相同的概念將套用至公開日曆上。以下兩個選項將可讓你在公開、私人,及共用日曆上控制特定活動的顯示情形。

• 私人

若為公開或共用日曆,請選取此選項以確定只有你及其他日曆擁有者(其具有「變更活動」權限或更高權限)可查看該活動及其詳細資料。

• 公開

此選項將使活動的詳細資訊可供具有你日曆的有空/忙碌存取權的使用者使用。若你正與特定人員或全世界共用你日曆的有空/忙碌資訊,此設定將可讓他們檢視特定活動的所有詳細資訊。請注意,選取此選項不會將活動的詳細資訊置於公開搜尋索引供大眾使用。

注意:若你已自其他程式或日曆匯入你的活動,將會依據來源日曆的隱私設定,自動標示為「公開」或「私人」。建議你檢視你的匯入活動,以確定其反映了你想要的隱私設定。

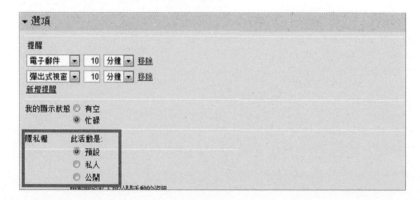

六、如何刪除活動？

Step1 按一下活動標題，然後按一下「刪除」連結。或者，你也可以按一下活動詳細資訊頁面上的「刪除」連結。

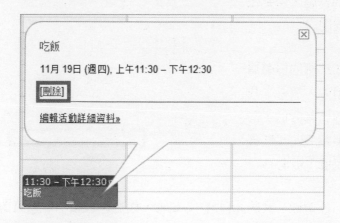

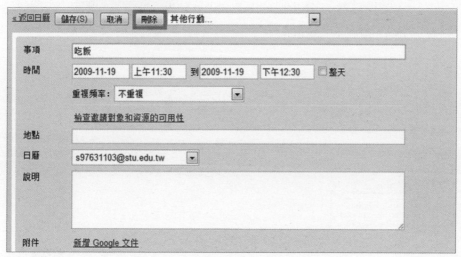

七、共用日曆和邀請

如何與其他使用者共用我的日曆？若要與所有人共用你的日曆，只要執行下列步驟即可：

Step1 在左側的日曆清單中，按一下我的日曆旁的「向下箭頭」，然後選擇「設定」。

Step2 然後選取「共用此日曆」（或者，你也可以按一下日曆清單底部的「管理日曆」，然後按一下「共用此日曆」連結）。選取「公開此日曆」，按一下「儲存」。

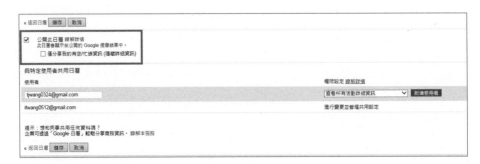

八、如何與特定的使用者共用我的日曆？

若要與特定使用者共用你的日曆，請執行下列步驟：

Step1 在左側的日曆清單中，按一下該日曆旁的「向下箭頭」按鈕，然後選取「共用此日曆」（或者，你也可以按一下日曆清單底部的「管理日曆」，然後按一下對應的「共用此日曆」連結）。

Step2 輸入你要與其共用日曆之使用者的電子郵件地址。

Step3 從下拉式選單中，選取要使用的使用權限層級，然後按一下「新增」。

注意：按一下「新增」之後，你所選取要共用日曆的對象將會收到一封邀請檢視你日曆的電子郵件。

如果在共用日曆時遭遇到問題，請嘗試取消共用然後重新共用日曆，這個方法通常就能解決這個問題。

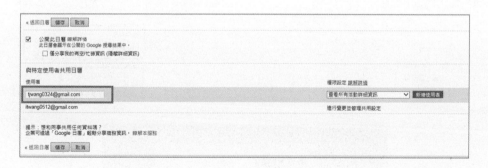

九、邀請來賓參加您的活動

若要邀請朋友參加活動，只要執行下列步驟即可：

Step1 按一下活動（或建立新的活動），然後選取「活動詳細資料」。

Step2 在「邀請對象」區段中，輸入來賓的電子郵件地址，以半形逗號分隔地址。

Step3 為你的來賓選取適當的控制層級。

Step4 按一下「儲存」。

Step5 如果你想要通知來賓你的活動，請按一下「傳送」，否則請按一下「不要傳送」。請注意，使用「Google 日曆」的來賓根據其本身的通知設定，將會收到邀請。

Week

3

Google Docs

第一節　本章概述

　　本章節開始將陸續帶領同學悠遊 Google 應用服務的功能與應用軟體，接著介紹微軟（Microsoft）推出的 Office 365 應用服務，其中包含了 Office 2016 辦公室軟體的使用，藉此讓同學能夠理解現今網路世界二大巨擘的技術與高度整合性帶來的衝擊，翻轉原本思維，加入更多新鮮因子。

第二節　Google 應用服務簡介

　　在介紹 Google Docs 之前，我們先瞭解一下 Google 應用服務吧！一談到 Google，大多數人第一印象是 Google 搜尋，是的！原本 Google 公司剛開始就是以搜尋引擎讓所有人驚艷，精簡的頁面加上搜尋資料的精準度與豐富度幾乎打敗了同時期的 Yahoo 與 Bing，這也讓 Google 搜尋逐漸變成網際網路上影響力最廣泛的搜尋引擎。

　　從 Google 搜尋開始，一系列的應用服務逐漸誕生在所有人的面前，像是 Gmail、雲端硬碟、Google 文件、Google Photo 等都是讓人耳熟能詳的應用，當然其中有些是透過收購而來（如 YouTube），但在 Google 公司的巧手整合下，各項服務都能互通資訊資料，相互分享彼此資源。

　　為了讓這些應用服務能夠廣泛利用，Google 公司將 Gmail、Google 行事曆、Google Hangouts、Google 雲端硬碟、Google 文件、Google 試算表、Google 簡報、Google 表單等多樣化的應用軟體包裝成 G Suite 套件，如下圖所示：

　　使用者登入 Gmail 或雲端硬碟時，就可以立刻看到所有服務，如 Google 雲端硬碟下拉選單，或是右上角九宮格的功能選項，皆可以立刻呼叫出 G Suite 的服務，如下圖所示：

　　這一整套囊括了個人使用者平常使用的套件以及辦公室必備的文書軟體，涵蓋了初學者、學生、教師、上班族等各行各業人員，輕輕鬆鬆上手外更能快速製作出精美的文件、簡報、表單；透過郵件傳遞消息；利用行事曆提醒參與人員；分享與存放資料，都是 G Suite 套件所要服務的項目。

　　Google 應用服務（包含 G Suite）最讓人驚喜的地方是推出教育體系的 Google 應用服務，只要是教育單位都可以透過驗證提出申請，通過後即可讓使用者（包含教職員、學生、畢業生）等校方認可的人員登入，使用上並無任何限制，且全部都是免費！這服務一推出後獲得廣大的認同，在美國，有許多學校直接將郵件伺服主機轉換到 Gmail 上，並提供 Google 應用服務給予校內使用者；而在臺灣，**樹德科技大學**是臺灣第一家將服務轉換到 Google 應用服務的教育單位，包括郵件 Gmail、雲端硬碟等，Google 臺灣辦公室

也特地邀請樹德科技大學電算中心主任與技術人員分享經驗與技術交流，透過此機會，許多教育單位開始接觸 Google 應用服務，享受此服務所帶來的實質效益和好處。

第三節 Google Docs 介紹

Google Docs 為 Google 應用服務內一套文書編輯軟體，使用者可以透過 Google Docs 檢視、編輯與分享文件，使用的介面與方式與 Microsoft Word 類似，讓初學者或一般使用者都能很快速上手使用。

由於多數人現有檔案還是以 Word 產出的格式為主，因此 Google Docs 提供轉檔功能，Word 檔案上傳後自動轉換成 Google Docs，且轉換後的檔案將不佔用雲端硬碟空間；製作完成的文件除了線上分享外，也可以轉換成 Word 或 PDF 格式，多了另一種分享管道。

第四節 Google Docs 功能

Google Docs 可分為檢視者與管理者，檢視者沒有編輯權限能力，管理者則是所有功能皆有權限，有些特殊功能像是分享、轉換文件等就只有在管理者介面可以使用。本圖表概略說明 Google Docs 的功能：

√ 免費	√ 多人編輯同步、分享
√ 線上檢視、編輯	√ 不佔用雲端硬碟空間
√ 跨平台、跨作業系統使用	√ 快速分享檔案

也因為這些特別功能，Google Docs 並無單機應用程式，全靠瀏覽器進行編輯，而瀏覽器支援 Google Chrome、Firefox、Safari、Internet Explorer 等版本，使用者僅需使用以上瀏覽器即可登入 G Suite 內任何一套應用程式，線上編輯與檢視，而檔案全部放在雲端硬碟內，即時保存。

第五節 Google Docs 介面

承襲 Google 簡約的介面，Google Docs 的操作介面也繼承相同風格，簡潔且一目瞭然；功能列的排列則與 Microsoft Word 類似，讓使用者可以快速上手。以下為 Google Docs 的介面概述：

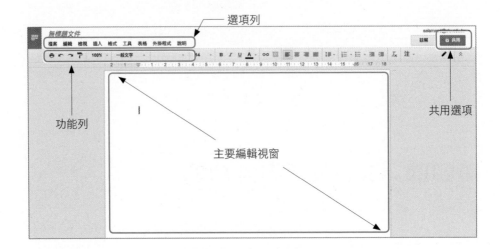

第六節 Google Docs Case Study

從本節開始，我們將利用一個情境題來實作 Google Docs，希望藉由此情境題可以瞭解 Google Docs 的操作與使用方式。

本次範例為個人履歷表製作，相關說明如下所示：

第一項 範例情境說明

我叫作陳嘉銘，我目前想要用 Google Docs 製作我的個人履歷表，想要使用簡約的表格形式進行製作。在履歷表內我將會附上基本資料（包含大頭照、地址、電話、網站、電子郵件），並於下方用表格方式分出專業能力、專業證照、工作經驗、教育程度等項目，製作完畢後，將此履歷表直接分享，讓有意願的公司可以在網路上看到我的基本履歷資料。

第二項　範例設計項目

1. 頁面部分：

 ■ 頁面上、下、左、右各 1.26 公分，紙張大小 A4，方向為直印。

2. 圖片部分：

 ■ 插入圖片，文繞圖作為大頭貼。

3. 字型與編排部分：

 ■ 所有字型皆為微軟正黑體，標頭字型大小為 30pt。
 ■ 將專業能力、專業證照、工作經驗、教育程度以表格製作。
 ■ 左側項目加粗體和標題 1 的大小。
 ■ 右側項目字型大小為 11pt。
 ■ 工作經驗大項次字型大小為 14pt ，內文則為 11pt。
 ■ 專業能力、專業證照、教育程度、工作經驗項目需加編號。

第三項　範例預期成果

第四項　執行步驟

Step1 新增檔案。

開啟雲端硬碟→
新增→ Google 文
件→空白文件。

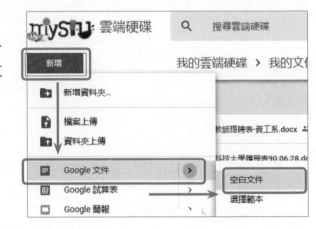

Step2 修改頁面。

A. 檔案→頁面設定。

B. 在頁面設定內：

　　① 修改邊界為 1.26 公分（頂端、底部、左邊、靠右）。② 紙張大小 A4。

Step3 拉表格。

A. 插入→表格→選取 2×4。

B. 表格 2 欄左方欄位為 4cm。

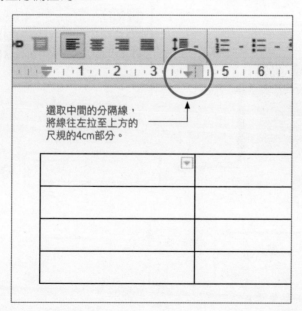

選取中間的分隔線，
將線往左拉至上方的
尺規的4cm部分。

C. 表格右上角有個下拉三角形，依序將左右的線條改為白色。上下的線條
顏色自訂為 #d1d1d1。

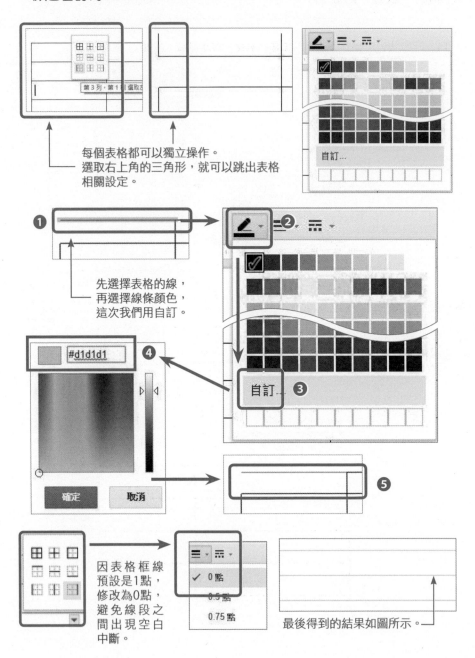

每個表格都可以獨立操作。
選取右上角的三角形，就可以跳出表格
相關設定。

先選擇表格的線，
再選擇線條顏色，
這次我們用自訂。

#d1d1d1

自訂

確定　取消

因表格框線
預設是1點，
修改為0點，
避免線段之
間出現空白
中斷。

✓ 0點
0.5點
0.75點

最後得到的結果如圖所示。

Step4 修改表格字型。

A. 左方表格填入文字：專業能力、專業證照、工作經驗、教育程度。

B. 左方表格全選後，改成**微軟正黑體，字型大小為 16，粗體字。**

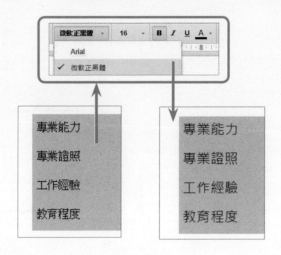

Step5 輸入表格文字。

A. 在表格內**無法使用 Tab 按鍵作為分隔**，小技巧是先在表格外將內文打好，並設定好定位點後，再搬移進入表格。

B. 框選打好的文字，點選上方的尺規，按滑鼠**左鍵**，選擇**新增靠右定位點。**

C. 在每段文字後方，星號之前，按 Tab 按鍵即可整齊分出格線。

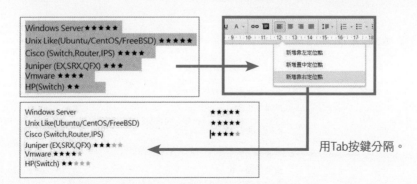

用Tab按鍵分隔。

D. 將打好的文字貼入表格內,並設定**項目符號清單**。

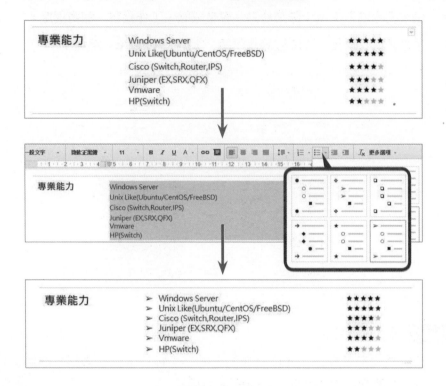

Step6 依照步驟五將其他資料填入。

專業能力	➤ Windows Server	★★★★★
	➤ Unix Like(Ubuntu/CentOS/FreeBSD)	★★★★★
	➤ Cisco (Switch,Router,IPS)	★★★★☆
	➤ Juniper (EX,SRX,QFX)	★★★☆☆
	➤ Vmware	★★★★☆
	➤ HP(Switch)	★★☆☆☆
專業證照	➤ CEH	
	➤ CISSP	
	➤ ISO 27001:2013 Lead Auditor	
	➤ BS 10012:2017 Lead Auditor	
工作經驗	➤ 資策會資安所技術服務中心	2006 – 至今
	情蒐分析組	
	程式設計、資訊安全、滲透測試、事故處理,負責資安情資收集,分析駭客行為等業務	
	➤ 台灣網路危機處理中心(TWCERT)	2002 – 2006
	資安鑑識人員	
	負責處理網路入侵事件,進行資安鑑識、資安通報。執行HoneyPot、聯合掃描、0-day漏洞檢測等專案;執行ISO27001資安稽核,負責內外稽	

Step7 插入圖片，填寫基本資料。

A. 插入→圖片，將個人大頭照插入，預設是**行內文字**，點選圖片，改成**文字環繞**。

B. 填入基本資料，並將字體改成**微軟正黑體，姓名部分大小改成 30**。

陳嘉銘

地址: 高雄市燕巢區橫山路59號
電話: 0971731552

blog: www.charmi.org
Email: charmi.chen@gmail.com

Step8 分享。

A. 檔案→發佈到網路。

B. 在發佈到網路的確認方塊內，點選發佈即可。

第七節 課堂習題

本章節 Google Docs 的練習告一段落,希望讓使用者知道簡易的操作方式。在此我們作個小小的習題,依照本章節所作的方式進行本習題的練習,情境如下:

習題情境說明

畢業後首次進入職場都會想到個人履歷表要怎麼作,要如何推銷,要如何顯現自己的能力,想了很久,卻很難具體撰寫,所以藉由此機會,讓我們利用 Google Docs 寫出屬於自己的個人履歷表樣式,發佈到網路上讓別人可以看見自己!

請在這習題內依照前述步驟製作一份個人履歷表,內容包含名字、電子郵件、個人網站、專業能力、專業證照、工作經驗、教育程度等列舉,最後發佈在網路上分享。

(個人資料屬於敏感資訊,部分文字建議用 * 號取代)

Week

4

Microsoft Word

第一節　本章概述

　　與前一章 G Suite 相同，從本章開始介紹微軟（Microsoft）的辦公室套裝軟體。在介紹本章之前，會先帶領同學瞭解 Microsoft 在這一領域上的技術成就，尤其為了與 Google 的 G Suite 一別苗頭，Microsoft 絞盡腦汁想要把這塊市場搶回來，發展 Office 365 作為競爭套件，整合自家各種軟體，讓使用者用了它，愛上它！不管如何，我們使用者都是贏家，源源不斷地從這兩家公司取得更多應用服務，更多令人讚賞的軟體。

第二節　Office 365 應用服務簡介

　　面對 Google 提出的 Google Apps 的競爭之下，微軟也於 2010 年基於 Microsoft Office 套件提出雲端辦公室整合服務 Office 365，並於 2011 年正式上線，最初是針對企業用戶，隨後推出給個人、家庭使用 Office365 的各項功能。

　　在 Office 365 推出之前微軟也針對教育體系提出一個整合服務方案，稱為 Microsoft Live@edu，只要是大學、學院、學校等都可以透過註冊加入此計畫，通過審核後將免費使用各種服務，包含 Office、Skype、OneDrive 等，此方案於 2012 年整併進入 Office 365 內，稱之 Office 365 教育版（Education）。

為了與企業、家庭、個人的 Office 365 作為區隔，教育體系的 Office 365 教育版須由認可的教育單位提出申請，通過審核後會給予基本的使用者授權，使用上完全免費，包括線上版本的 Office；至於更為進階的套件（如可下載的 Office、Power BI 等），將會依照使用人數收取額外金額，或者另行接洽微軟討論授權方式。

由於多數使用者習慣 Word、Excel、PowerPoint 等軟體，加上教育單位每年都需付給微軟相當可觀的軟體授權費用，當此方案一推出時，許多教育單位期望藉由導入 Office 365 教育版來減輕授權金額、保有原本的使用習慣和減少郵件伺服器管理，加上導入過程與技術性比 Gmail 應用服務來的簡易，許多教育單位也朝著 Office 365 教育版邁進。

Office 365 在介面上有著其強大優勢，操作習慣完整的從單機應用程式保留到線上版本，使用方式可以無縫接軌；OneDrive 為其雲端儲存空間，目前提供 1TB 大小，雖無法與 Google 應用服務的雲端硬碟相比（在教育體系下的 Google **雲端硬碟為無限量存放**），但作為文書使用、檔案分享上，該空間還是足夠一般人使用。

在此我們也針對 Office 365 的服務與 G Suite 作個簡單對應表：

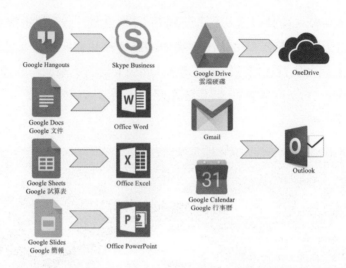

　　基本上應用程式都是與 Google 應用服務一對一對應，部分軟體則是各有擅長，端看每個人使用方式與管理習慣，沒有絕對的好壞，反正好用、上手就是個好軟體。

第三節　Office 365 應用服務登入

　　Office 365 登入網址為 https://portal.office.com/ ，在此介面需輸入教育體系的電子郵件信箱，如學校有申請驗證通過後，會有單一驗證或獨立驗證的帳號密碼讓使用者登入，以下為登入畫面：

登入後，依照學校與微軟的合約略有不同，不變的是線上 Office 版本都是可以使用，以下為登入成功後的使用者畫面：

如果要使用線上 Office ，可以在這個畫面點選方格，例如 Word、PowerPoint 等，會在瀏覽器的另一個分頁開啟，可以直接使用，畫面與介面如下所示：

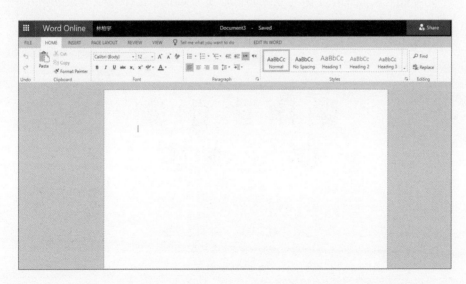

這個範例除了線上 Office 之外，也多了「Office 2016 應用軟體」的安裝權利，點選右上方選擇「安裝 Office 2016」會出現如下畫面（將會依照不同的作業系統給予不同的檔案，如 Windows 版本和 Mac 版本），點選同意儲存後即可自行安裝：

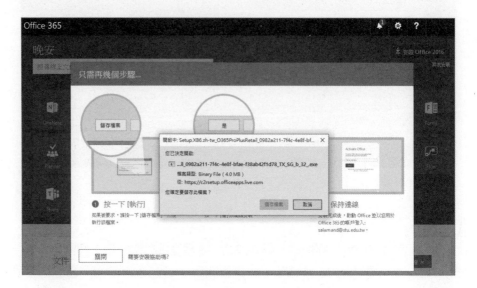

此軟體完全是網路下載，安裝時候需要有網路，以下為安裝畫面：

安裝完成之後，就可以在系統內看到 Microsoft Office 2016 的軟體，包含了 Word、Excel、PowerPoint、OneNote、Access、Outlook、Publisher、OneDrive、Skype 等套件，授權版本為 Microsoft Office 365 ProPlus，相關畫面如下：

以上提供使用者參考 Office 365 的介面與安裝，而從此章節之後，將會使用 Office 365 提供的軟體進行編輯！

第四節 Microsoft Office 介紹

微軟自 1993 年開始推出付費的 Office 辦公室套裝軟體，從早期的 Microsoft Office 3.0，經歷過 4.x 系列、Office 95、Office 97、Office 2000、Office XP、Office 2003、Office 2007、Office 2010、Office 2013 到 2015 年 9 月推出的最新版本 Office 2016，每一版本都會加入新功能並改進前一版不完善的地方。

從最早的 Office 套裝軟體內就包含了 Word、Excel、PowerPoint，隨後的版本陸陸續續加入了 Outlook、Access、OneNote 等軟體，甚至結合雲端讓使用者可以存放檔案於 OneDrive，越來越方便與多元化的同時，原生的 Word、Excel、PowerPoint 依舊是學生、辦公環境、職場上最常被使用，甚至是不可或缺的辦公軟體。

Office 套裝軟體是要付費的，有企業版、專業版、家用版，Office 365 也是同樣要付費，收費方式從買斷變成每年支付。教育體系的教職員與學生建議使用 Office 365 提供的 Office 應用軟體或線上 Office，功能與市售版本相同，但完全免費。

第五節 Microsoft Word 功能

Microsoft Word 是 Microsoft Office 辦公室套裝軟體內其中之一，屬於文書處理應用程式，包含文件、表單製作、編輯修訂，也可插入巨集事件讓文件多些互動性；Microsoft Word 儲存的副檔名為 .doc，從 Word 2007 版本開始導入新的 .docx 檔案格式。

第六節 Microsoft Word 介面

Microsoft Word 每一版本的介面不盡相同，尤其是前幾代版本，整個介面都是大翻新，還好 Word 2013 和 Word 2016 這兩個目前常見的版本介面差距不大，學習上不會受到影響。

本次使用的版本為 Microsoft Word 2016，以下為介面概述：

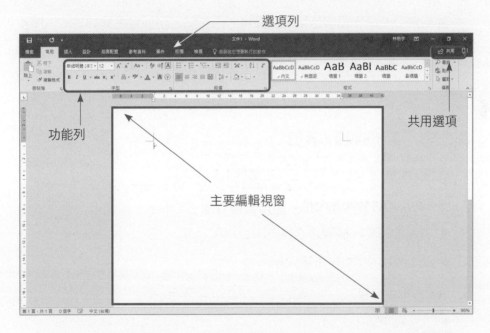

Word 2013 之後的版本，可以跟 OneDrive 連結，除了放在本機硬碟外，也可將檔案放在雲端硬碟內，隨時可以存取、編輯；Office 365 內的 Word 更加強雲端儲存、分享（可於上圖右上方發現多了一個「共用」選項）這一塊功能，但標準的文件編輯功能則不變。

第七節　Microsoft Word Case Study

從本節開始，我們將選用 TQC Word 2013 模擬試卷術科的其中一題**臺灣旅遊景點**實作 Microsoft Word，希望藉由此解題方式瞭解 Microsoft Word 的操作與使用方法。

第一項　範例情境說明

某旅遊公司蒐集臺灣旅遊景點資料，因景點名稱多但名稱簡短，佔據多頁又留下大片空白，既不美觀又浪費紙張。主管要求調整版面，將所有景點以一頁呈現，並且依各主題分欄，以名稱排序等編排，請依設計項目完成此項任務。

第二項　範例設計項目

1. 版面配置橫向，上、下、左、右邊界 1.5 公分。

2. 第一段標題後的所有內容：
   - 分為四等欄，欄間距 0 字元。
   - 深藍色文字段落位於欄首行。

3. 編輯深藍色文字：
   - 文字總寬度 6 公分。
   - 套用橙色網底於文字上。

4. 編輯藍色文字：
   - 移除所有文字的超連結。
   - 加入◆項目符號，符號的字型 wingdings，字元代碼 119，字型格式：16 點、深紅色、符號的後製字元為間距。

5. 各欄依段落筆畫遞增排序。

第三項　範例預期成果

第四項　執行步驟

Step1 開啟範例檔案。

A. 打開 Ch4-example.docx。

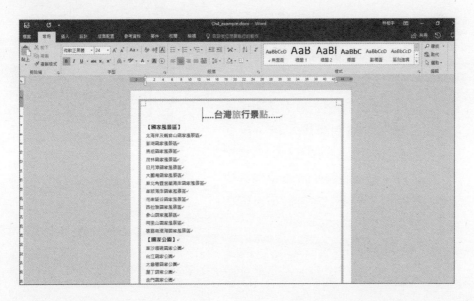

Step2 版面配置。

A. 版面配置**橫向**，上、下、左、右**邊界** 1.5 公分。

B. 由版面配置→版面配置右下方符號→開啟版面設定對話方框。

   ① 選擇**邊界標籤**。

   ② 方向部分，修改為**橫向**。

   ③ 於邊界部分，將上、下、左、右接修改為 **1.5 公分**。

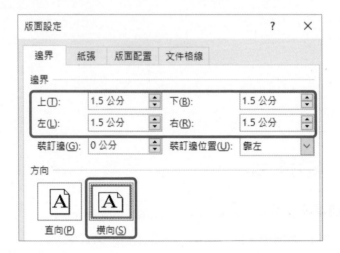

Step3 設定欄位。

A. 分為**四等欄**，欄間距 0 字元。

   ① 選擇要分欄的文字段落：從「國家風景區」開始，用滑鼠選擇所有文字段落到頁尾，也可以在「國家風景區」左方點一下滑鼠左鍵，按住鍵盤 Shift 鍵後再到頁尾點選一次滑鼠左鍵就可以圈選所有文字與段落。

   ② 功能列：版面配置→欄→其他欄。

   ③ 欄對話方塊：欄數選擇 4，間距輸入 0 公分，套用至選取文字。

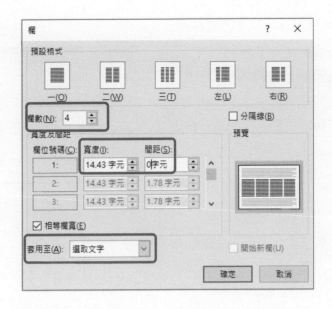

Step4 設定文字段落。

A. 深藍色文字段落位於欄首行。

① 滑鼠移到第二段「國家公園」前面後，點選版面配置→**分隔符號（下拉）→分欄符號**，即可將第二段標題移至第二欄開始。

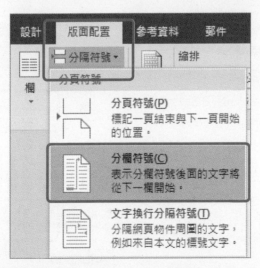

② 依此方式將「國家森林遊樂區」、「主題樂園」移動到第三、第四欄。

B. 編輯深藍色文字，文字總寬度 6 公分：

① 選擇深藍色文字標題，例如「國家風景區」（請注意！不要選擇到段落符號），接著點選功能列→常用→亞洲方式配置→最適文字大小。

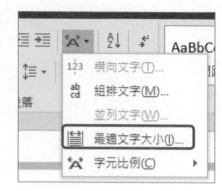

② 在最適文字大小對話方塊內，修改新文字寬度為 6 公分。

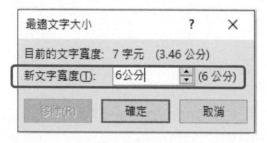

C. 套用橙色網底於文字上。

① 選擇深藍色文字標題，例如「國家風景區」（請注意！不要選擇到段落符號），接著點選功能列→常用→網底→標準色彩→橙色。

② 將完成的格式，依序類推修改其他三欄標題，也可使用複製格式方式修改。

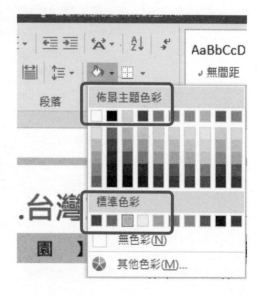

D. 編輯藍色文字。

① 移除所有文字的超連結。

    a. 全選所有文字，快速鍵為 Ctrl ＋ a，或者是功能列→常用→檔案→選取→全選。

    b. 移除功能變數設定，快速鍵為 Ctrl ＋ Shift ＋ F9，將會把選取範圍內所有超連結全部移除。

② 加入◆項目符號，符號的字型 **wingdings**，**字元代碼 119**，字型格式 **16 點、深紅色**、符號的後製字元為間距。

    a. 選取任何一個藍色文字，點選功能列→常用→選取→選取所有類似格式的文字。

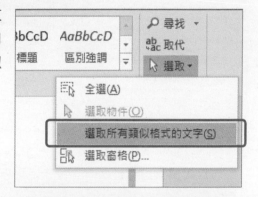

    b. 功能列→常用→項目符號→定義新的項目符號。

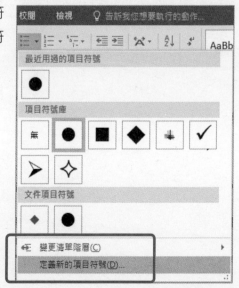

c. 定義新的項目符號對話方塊→符號→符號對話方塊→字型
Wingdings →字元代碼 119→確定後，即可將藍色文字段落之前加
入◆符號。

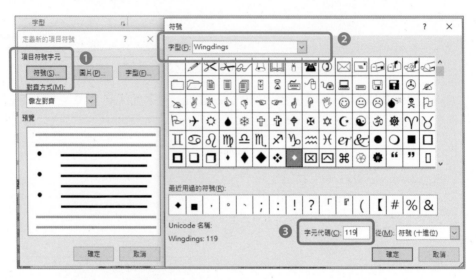

d. 選擇任一個◆項目符號，功能列→常用→字型選擇 16，字型色彩
下拉選擇深紅色。

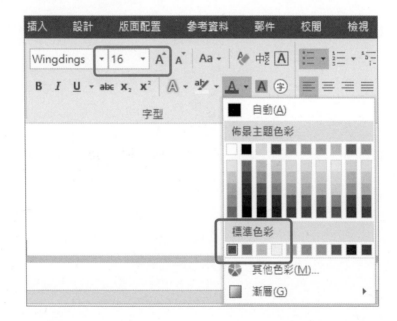

e. 選擇任一個◆項目符號，按滑鼠右鍵選擇**調整清單縮排**。

f. 在調整清單縮排對話方塊內，編號的後製字元選擇**間距**。

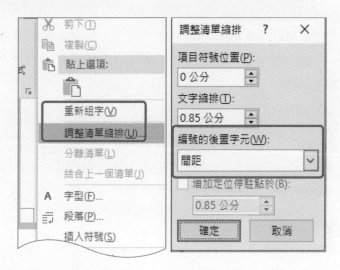

③ 各欄依段落筆畫遞增排序。

a. 先選取第一欄內所有藍色文字，功能列→常用→排列文字順序，
   在排列文字順序對話方塊內，選擇第一階**段落**，類型**筆劃**，遞增
   排序。

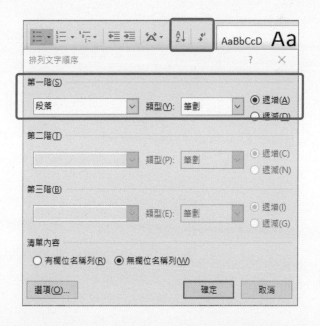

第八節　課堂習題

本章節 Microsoft Word的練習告一段落，希望讓使用者知道簡易的操作方式；在此我們作個小小的習題，依照本章節所作的方式進行本習題的練習，情境如下：

習題情境說明

每個地方都有許多美食，高雄也是，有的藏在小巷弄、藏身於民宅，有的低調、也有風光報導等美食店面，像是雞肉飯、海產粥、宵夜、日本料理等等都可以口耳相傳或網路搜尋得到資訊。

在這習題請搜尋高雄美食資料，依照行政區域（如苓雅區、新興區等）分欄並蒐集十筆餐廳／小吃，這些資料將以一頁呈現，以名稱排序編排，設計方式則參照第七節的步驟製作。

Week

5

Google Sheets

第一節 Google Sheets 介紹

Google Sheets 為 Google 應用服務內一套試算表編輯軟體，使用者可以透過 Google Sheets 檢視、編輯與分享文件，也能夠將試算表文件上傳，自動轉換成 Google Sheets 的檔案；介面與 Microsoft Excel 和 Apple Numbers 類似，讓初學者或一般使用者都能很快速上手使用。

第二節 Google Sheets 功能

Google Sheets 以功能面來說，基本的試算表功能都涵蓋，包含數值運算、分析表等都有，也可與 Google 表單進行結合，互相應用彼此的資料進行分析與收集，至於更複雜的計算與表單形式，也許 Google 會慢慢的將功能新增，讓此套件可以更完整。本圖表概略說明 Google Sheets 的特別功能：

√ 免費	√ 多人編輯同步、分享
√ 線上檢視、編輯	√ 不佔用雲端硬碟空間
√ 跨平台、跨作業系統	√ 快速分享檔案
√ 與Google表單連結應用	

Google Sheets 與 Google Docs 相同，並無單機應用程式，全靠瀏覽器進行編輯，而瀏覽器支援 Google Chrome 、Firefox 、Safari 、Internet Explorer 等版本，使用者僅需使用以上瀏覽器即可登入 G Suite 即刻線上編輯與檢視，而檔案全部放在雲端硬碟內，即時保存。

第三節　Google Sheets 介面

　　承襲 Google 簡約的介面，Google Sheets 的操作介面也繼承相同風格，簡潔且一目瞭然；功能列的排列則與 Microsoft Excel 類似，讓使用者可以快速上手。以下為 Google Excel 的介面概述：

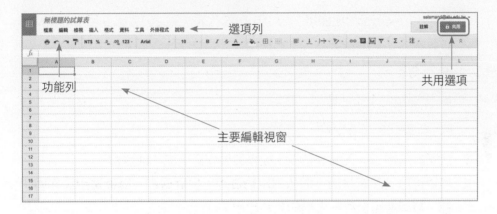

第四節　Google Sheets Case Study-1

　　從本節開始，我們將利用一個情境題來實作 Google Sheets，希望藉由此情境題可以瞭解 Google Sheets 的操作與使用方式。

　　本次範例為**記帳簿製作**，相關說明如下所示：

第一項　範例情境說明

　　記帳簿是每個人必要的，以前是使用紙本記載，現在手機已經是智慧型手機，加上網路通訊的方便，使用更快速的方法記錄每天的點點滴滴，也將數據統計好讓我們知道錢花在哪裡，錢該省在何處。

　　依照前面 Google Docs 的範例，陳嘉銘想要將記帳簿電子化，預計每個月份都要記錄，以年為檔案區隔；既然每天都要記錄，因此在記帳簿依照用

餐費用、生活費用、交通費來分類，底下則作為統計費用，包含所有的開銷支出。

費用統計完畢後，希望能夠有個圖表，並且發佈在網路上，讓自己知道這個月的錢，到底是如何利用，也希望多一點比較。

第二項　範例設計項目

1. 工作表依照年份日期編排，如 2017/05 代表記載 2017 年 5 月份的資料。
2. 試算表內要有用餐費用、生活費用、交通費用三大項。

   - 用餐費用：早餐、午餐、晚餐、說明。

   - 生活費用：生活費用、說明。

   - 交通費用：交通費用、說明。

3. 依照當月的每一天填寫金額，並在最後作當天的加總金額。
4. 加總當月的所有金額，並依照用餐費用、生活費用、交通費用製作圓餅圖，瞭解當月份每一大項的佔有比例。

第三項　範例預期成果

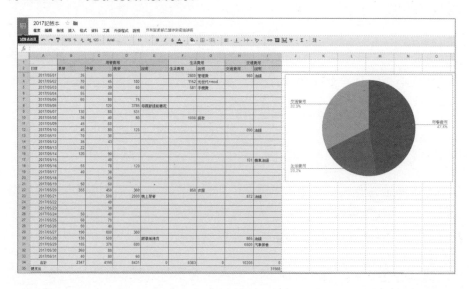

第四項　執行步驟

Step1 新增檔案。

新增新試算表：雲端硬碟→新增→ Google 試算表→空白試算表。

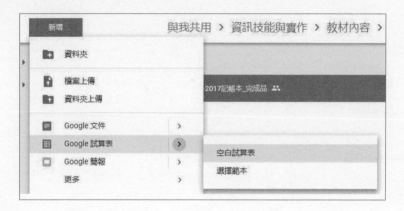

Step2 修改工作表名稱。

將工作表 1 用滑鼠左鍵點擊兩次，將會變更為編輯模式，把原本工作表 1 修改為 2017/05。

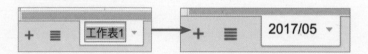

Step3 增加內容。

A. 建立預設要記錄的試算表內容：用餐費用分為早餐、中餐、晚餐、說明，生活費用、交通費用則多說明欄位；費用欄位都需合併儲存格，置中排列，顏色則採用淡藍、淡黃、淡綠；日期欄位則下拉該月份（如 2017/05）的所有日期。

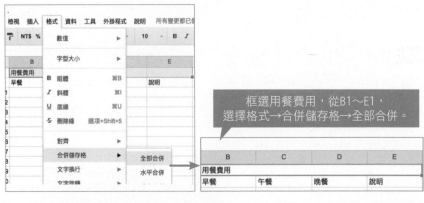

框選用餐費用，從B1～E1，
選擇格式→合併儲存格→全部合併。

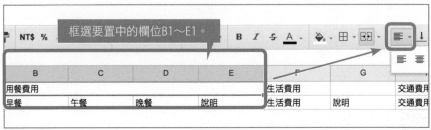

框選要置中的欄位B1～E1。

依此類推，將其他費用欄位改成儲存格合併，置中。

先填寫第一個欄位，
再用滑鼠點選下拉。

Step4 計算總和。

A. 建立基本資料，並在所有欄位下方進行所有金額總和（合計）；總和的
作法則是在該儲存格內進行運算，加總的計算方式為＝ SUM（欄位：欄
位）。

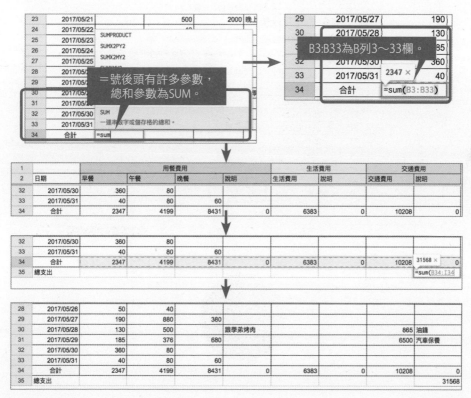

B3:B33為B列3～33欄。

＝號後頭有許多參數，
總和參數為SUM。

SUM
一連串數字或儲存格的總和。

1		用餐費用				生活費用		交通費用	
2	日期	早餐	午餐	晚餐	說明	生活費用	說明	交通費用	說明
32	2017/05/30	360	80						
33	2017/05/31	40	80	60					
34	合計	2347	4199	8431		0	6383	0	10208	0

32	2017/05/30	360	80						
33	2017/05/31	40	80	60					
34	合計	2347	4199	8431		0	6383	0	10208	0
35	總支出								

=sum(B34:I34)

28	2017/05/26	50	40						
29	2017/05/27	190	880	380					
30	2017/05/28	130	500		跟學弟烤肉			865	油錢
31	2017/05/29	185	376	680				6500	汽車保養
32	2017/05/30	360	80						
33	2017/05/31	40	80	60					
34	合計	2347	4199	8431		0	6383	0	10208	0
35	總支出								31568

Step5 建立統計圖表。

A. 於下方空白處，建立統計圖表。

B. 將用餐費用、生活費用、交通費用整理後，框選建立圓餅圖。

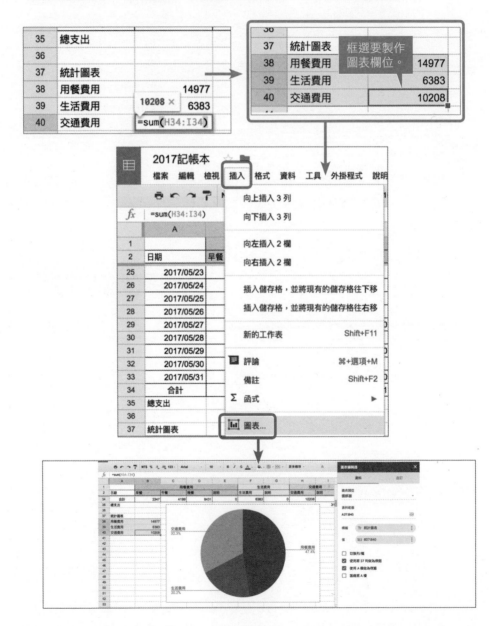

Step6 建立統計圖表。

A. 檔案→發佈到網路。

B. 在發佈到網路的確認方塊內,點選發佈即可。

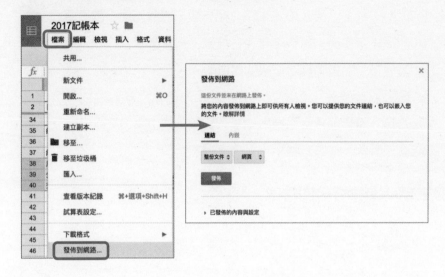

第五節 Google Sheets Case Study-2

前面作了一個 Google Sheets 的基本範例操作,在此提供另一個範例!這範例來自於 TQC 中其中一個題目,不同之處是從 Microsoft Excel 變成 Google Sheets 來解題。

本次範例為**各廠牌印表機性能比較表**,相關說明如下所示:

第一項 範例情境說明

本範例利用問卷方式收集 A、B、C、D 四個廠牌的價位、列印速度、品質等項目的回應,利用這些回應製作成**雷達圖**,讓使用者可以快速瞭解產品的落點與差異。

第二項　範例設計項目

1. 在統計問卷工作表的 B30 ～ L33 建立公式，統計每種印表機廠牌的數量（必須使用 COUNTIF 函數）。

2. 依據 A1 ～ L1 以及 A30 ～ L33（第一題的統計結果）繪製圖表：

   ■ 新圖表工作表：將新工作表名稱更名為**雷達圖**。

   ■ 圖表類型為**帶有資料標級的雷達圖**。

   ■ 圖表區依照 A ～ D 廠牌，分別設定資料點形狀為圓形、三角形、正方形、菱形，線條粗細為 2px，資料點大小為 7px。

   ■ 圖表圖例：在**右方顯示**，大小 **12 點**。

第三項　範例預期成果

	檔案　編輯　檢視　插入　格式　資料　工具　外掛程式　說明			所有變更都已儲存到雲端硬碟							
試算表首頁	NT$ % 123 ▾ 新細明體 ▾ 12 ▾ B I S A ▾ 田 ▾										

	A	B	C	D	E	F	G	H	I	J	K	L
1	項目	價位高	列印速	列印品	進紙方	故障率	散熱佳	省電裝	省碳粉	操作簡	維修費	售後服
2	1	D		D	A	D	B		B		D B	A
3	2	C	C	B	D	D	D	C	B	C	B	C
4	3	D	B	D			B	D	D	D	C	C
5	4	B	C	A	C	A	C	B	C	B		B
6	5	A	C		D			B	B	C	A	
7	6	C		B	A	B	C		A	D	A	D
8	7	D	C	C	D	C	D		D	A	D	
9	8	D	D		A	D	C	A	D	B	A	C
10	9		C		D	C		D		B		A
11	10		B	B	A	D	C			D	C	
12	11	C	D		B	A		B	C	D		A
13	12	D	A		D	D	A	D	D	A	C	
14	13		B		D	D	A		A	A	A	D
15	14		D	D	B		D	C	D	A	A	
16	15	A	A	C	D		C	D	D	C		C
17	16	B	D	D	D	B	D		C			D
18	17		D	B	C	C		D	A	D	C	A	B
19	18		D	A	D	D	B	D	A	D	A	
20	19	D	D		B		A	D		D		
21	20	B	A	D	D	B	B		D		D	
22	21	B	C	B	B		D	C	D		D	
23	22	B	C	C	B	C	D	A	C	C	B	D
24	23	D	D	C		C	C	A	C	B	C	D
25	24		D	D		C	D	C	C	C	D	B
26	25	C	C	C	C	C	B	D	A		B	C
27	26	C		A	B	D	D	A			D	D
28	27	D		D				C	C	D	C	
29												
30	A廠牌	2	3	3	3	3	3	6	3	4	6	4
31	B廠牌	5	5	4	6	3	4	3	2	6	3	3
32	C廠牌	6	6	8	3	6	5	5	7	5	5	6

＋　■　問卷統計 ▾　雷達圖 ▾

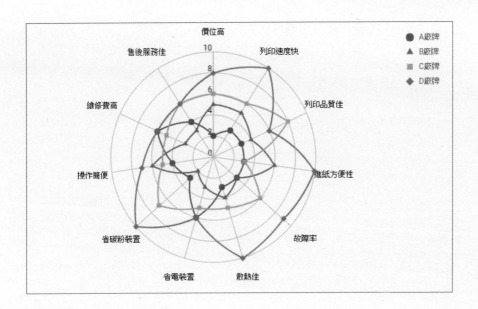

第四項 執行步驟

Step1 匯入檔案。

A. 開啟雲端硬碟，新增→ Google 試算表→空白試算表。

B. 在 Google 試算表中，檔案→匯入→上傳，選擇 ch5_example-2.xlsx。

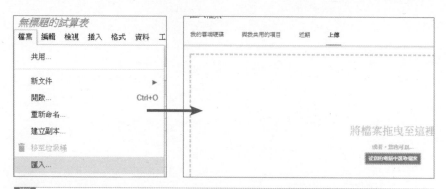

問卷編號	價位高	列印速	列印品	進紙方	故障率	散熱佳	省電裝	省碳粉	操作簡	維修費	售後服
1	D	B	C	D	A	D	B		D	B	A
2	C	C	B	D	D	D	C	B	C	B	C
3	D	B	D			B	D	D	D	C	C
4	B	C	A	C	A	C	B	C	B		B
5	A	D	C		D			B	B	C	A
6	C		B	A	B	C		A	D	A	D
7	D	C	C	D	C	D		D	A	D	
8	D	D		A	D	C	A	D	B	A	C
9		C		D	C		D		B		A
10		B	B	A	D	C				D	C
11	C			B	A		B	C	D		A
12	D	A		D	D	A	D	D	A	C	
13	B			D	D	A	A	A	A	A	D
14	D		D	B		D	C	D	A	A	
15	A	A	C	D		C	D	D	C		C
16	B	D	D	D	B	D		C			D
17	C	B	C	C		D	A	D	C	A	B
18		D	A	D	D	B	D	A	D	A	
19	D	D		B		A	D				
20	B	A	D	D	B	B		D		D	
21	B	C	B	B	D		C	D		D	
22	B	C	C	B	C	D	A	C	C	B	D
23	D	D	C		C	D	A	C	B	C	D
24		D	D		C	D	C	C	C	D	B
25	C	D	C	C	C	B	A	D	B		C
26	C		A	B	D	D	A			D	D
27	D		D				C	C	D	C	
A廠牌											
B廠牌											
C廠牌											
D廠牌											

Step2 建立公式。

A. 在 A 廠牌旁的 B30，輸入 =countif(B$2:B$28,$A30)。

① **COUNTIF（範圍、條件）**：依照題目要求先針對價位高的該列範圍進行條件設定，並且固定第 2 列到第 28 列；統計的資料則出現 A 廠牌，作為統計次數之用，並固定 A 欄位。

26	25	C	D	C	C	
27	26	C		A	B	
28	27	D		D		
29						
30	A廠牌	=countif(B$2:B$28,$A30)				
31	B廠牌					
32	C廠牌					

② 延伸運算，從 B30 拖曳填滿到 L30，接著再填滿至 L33。

27	26	C		A	B	D	D	A			D	D
28	27	D		D				C	C	C	D	C
29												
30	A廠牌	2	3	3	3	3	3	6	3	4	6	4
31	B廠牌	5	5	4	6	3	4	3	2	6	3	3
32	C廠牌	6	6	8	3	6	5	5	7	5	5	6
33	D廠牌	8	10	6	10	9	10	6	10	7	6	6
34												

Step3 建立雷達圖。

A. 依照需求，先建立新的工作表，名稱為**雷達圖**：點選下方工作表的＋號，新增新的工作表。

B. 切換回原本的問卷統計，框選要比較的項目，從 A1 ～ L1，接著框選各廠牌的統計資料，範圍為 A30 ～ L33（**利用 Ctrl 按鍵**分段框選）；但因為 Google Sheets 的限制，使用此種框選方法製作出來的圖形**有可能無法顯示正確**，將於接續動作進行修正到設計項目所要的需求。

項目	價位高	列印速	列印品	捲紙方	故障率	散熱佳	省電	省磁粉	操作簡	維修費	售後服
1	D	B	C	D	A	D	B		D	B	A
2	C	C	B	D	D	D	C	B	C	B	C
3	D	B	D			B	D	D	D	C	C
4	B	C	A	C	A	C	B	C	B		B
5	A	D	C		D			B	B	C	A
6	C		B	A	B	C		A	D	A	D
7	D	C	C	D	C	D		D	A	D	
8	D	D		A	D	C	A	D	B	A	C
9			C		D		D		B		A
10		B	B	A	D	C				D	C
11	C	D		B	A		B	C	D		A
12	D	A		D	D	A	D	D	A		
13		B		D	D	A		A	A	A	D
14		D	D	B		D	C	D	A		
15	A	A	C	D		C	D	D	C		C
16	B	D	D	D	B	D		C			D
17	C	B	C	C		D	A	D	C	A	B
18		D	A	D	B	B	D	A	D	A	
19	D	D		B		A	D				
20	B	A	D	B	B	B			D		
21	B	C	B	B			C	D	D		
22	B	C	C	B	C	D	A	C	C	B	D
23	D	D	C		C	D	A	C	B	C	D
24		D	D		C	D	C	C	C	D	B
25	C	D	C	C	D	D		A	B	B	C
26	C		A	B	D	D	A			D	D
27	D		D				C	C	D	C	
A廠牌	2	3	3	3	3	3	6	3	4	6	4
B廠牌	5	5	4	6	3	4	3	2	6	3	3
C廠牌	6	6	8	3	6	5	7	7	5	5	6
D廠牌	8	10	6	10	9	10	6	10	7	6	6

C. 插入→圖表。

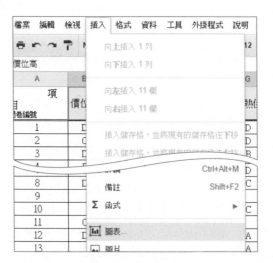

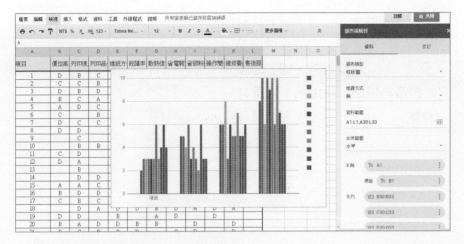

D. 圖表編輯器→圖表類型（雷達圖）。

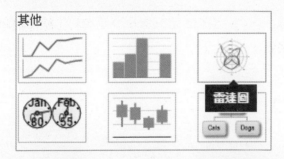

E. 圖表編輯器→資料範圍→ A1:L1,A30:L33；圖表編輯器→合併範圍→垂直。

F. 圖表編輯器→ X 軸→項目→資料範圍 A1：L1，系列為 A 廠牌至 D 廠牌；設定**切換為列／欄，使用 A 欄做為標題，使用第 1 列做為標籤**。

G. 圖表編輯器→自訂→系列，依照 A～D 廠牌設定**線條粗細、資料點大小與資料點形狀**。

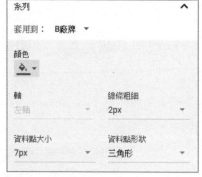

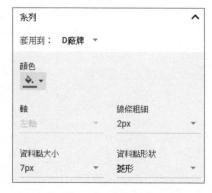

H. 圖表編輯器→自訂→圖例，圖例字型大小為 12。

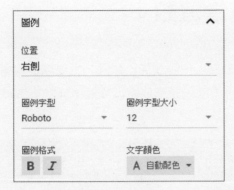

I. 成果將如下所示，並將此圖表剪下複製到工作表**雷達圖**內。

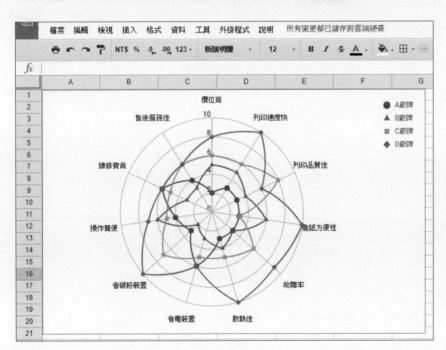

第六節　課堂習題

本章節 Google Sheets 的練習告一段落，希望讓使用者知道簡易的操作方式；在此我們作個小小的習題，依照本章節所作的方式進行本習題的練習，情境如下：

習題情境說明
記帳本記錄的除了金錢花費外，實際上統計功能更是讓人一目瞭然，本次習題我們將依照前一節的步驟進行記帳本的製作。 　　以年為檔案區隔，以分頁作為月份，製作 2017 年的記帳本。每天需要記帳，費用項目依照用餐費用（包含早餐、午餐、晚餐）、生活費用、交通費用、娛樂費用、其他開銷等分類，最後則須有這一整月的開銷總和，並製作圓餅圖瞭解哪個費用是最大宗。

Week

6

Microsoft Excel

第一節 Microsoft Excel 功能

Microsoft Excel 是 Microsoft Office 辦公室套裝軟體內其中之一，屬於試算表應用程式，包含統計、圖表、公式運算等功能；Microsoft Excel 儲存的副檔名為 .xls，從 Excel 2007 版本開始導入新的 .xlsx 檔案格式。

第二節 Microsoft Excel 介面

Microsoft Excel 不同版本的介面不盡相同，尤其是前幾代版本，而 Excel 2013 和 Excel 2016 這兩個常見的版本介面差異不多，學習上不會受到影響。以下為 Microsoft Excel 2016 的介面概述：

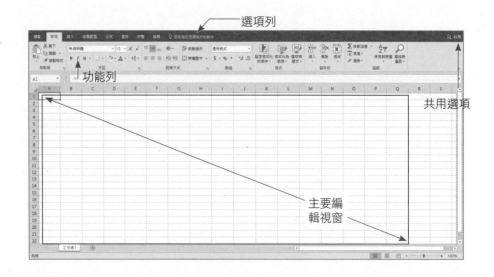

第三節 Microsoft Excel Case Study

從本節開始，我們將選用 TQC Excel 2010 模擬試卷術科的其中一題**成功高中基本學力模擬測驗記錄表**實作 Microsoft Excel，希望藉由此解題方式瞭解 Microsoft Excel 的操作與使用方法。

第一項　範例情境說明

　　本範例提供含有各科成績記錄的模擬測驗分數表，在此試算表內，我們會計算各科成績次數分配表內的人次與累計人次，算出五科總分百分等級表。藉由此試算表我們可以習得試算表的基本操作與統計功能！

第二項　範例設計項目

1. **各科成績次數分配表工作表。**

   ■ 根據**各科成績記錄表**工作表的內容，計算**各科成績次數分配表**中各科目、各級距的人次與累進人次。

   ◆ 將國文公式（C6 ～ C15）複製給英文、數學、社會、自然等各科人次欄位。

   ◆ 計算國文、英文、數學、社會、自然等各科、各級距的累進人次（需使用 SUM 函數）。

2. **各科成績記錄表工作表。**

   ■ 根據各科成績記錄表設定格式化條件，名次為前十名且必須沒有一科不及格者，整列顯示橙色粗體字以及深紅色填滿色彩。

3. **五科總分百分等級表工作表。**

   ■ 將各科成績記錄表工作表中的總分、名次內容，以 VLOOKUP 函數與 score 範圍名稱回傳至五科總分百分等級表工作表中的 C 欄位和 D 欄位相對應的位置。

   ■ 在**五科總分百分等級表**工作表中，根據每位學生的名次，計算其相對應的百分等級，公式為 **PR=100-100/ 人數 ×(名次 -0.5)**，人數用 COUNT 函數與總分欄位計算。

4. **在此工作表中，根據計算出的百分等級數值進行大到小的排序。**

第三項　範例情境成果

	A	B	C	D	E	F	G	H	I
1				台北市立成功國中基本學力模擬測驗					
2				各科成績記錄表					
3									
4	座號	姓名	國文	英文	數學	社會	自然	總分	名次
5	1	楊英姿	83	95	80	90	78	426	2
6	2	張枝華	81	93	81	89	79	423	3
7	3	許小清	79	91	55	88	80	393	22
8	4	陳玉秀	77	89	83	87	81	417	5
9	5	朱佩賢	75	87	84	86	82	414	6
10	6	蔡營芝	73	85	85	85	83	411	9
11	7	仇浩南	71	83	86	84	84	408	11
12	8	謝國琳	69	81	87	83	85	405	14
13	9	廖淑樺	67	79	88	82	86	402	16
14	10	簡盈幸	65	77	89	81	87	399	18
15	11	賴素蕙	63	75	100	80	88	406	12
16	12	呂芝寧	61	73	99	79	89	401	17
17	13	張雅倩	59	71	98	78	90	396	20
18	14	吳文隆	57	69	97	77	91	391	23
19	15	韓月玲	55	67	96	76	92	386	25
20	16	顏攸惠	53	65	95	75	93	381	28
21	17	林雅庭	51	63	94	74	94	376	35
22	18	劉仲隆	49	61	93	73	95	371	44

	A	B	C	D	E	F	G	H	I	J	K	L
1			台北市立成功國中基本學力測驗各科成績									
2			各科成績次數分配表									
3												
4	科目		國文		英文		數學		社會		自然	
5	級距		人次	累計	人次	累計	人次	累計	人次	累計	人次	累計
6	91 ~ 100		10	10	3	3	10	10	0	0	20	20
7	81 ~ 90		12	22	15	18	18	28	12	12	21	41
8	71 ~ 80		15	37	15	33	11	39	13	25	6	47
9	61 ~ 70		5	42	11	44	10	49	14	39	2	49
10	51 ~ 60		5	47	5	49	1	50	11	50	1	50
11	41 ~ 50		3	50	1	50	0	50	0	50	0	50
12	31 ~ 40		0	50	0	50	0	50	0	50	0	50
13	21 ~ 30		0	50	0	50	0	50	0	50	0	50
14	11 ~ 20		0	50	0	50	0	50	0	50	0	50
15	0 ~ 10		0	50	0	50	0	50	0	50	0	50

	A	B	C	D	E
1	台北市立成功國中基本學力測驗各科成績				
2	總分百分等級表				
3					
4	座號	姓名	總分	名次	百分等級
5	1	楊英姿	426	2	97
6	2	張枝華	423	3	95
7	3	許小清	393	22	57
8	4	陳玉秀	417	5	91
9	5	朱佩賢	414	6	89
10	6	蔡營芝	411	9	83
11	7	仇浩南	408	11	79
12	8	謝國琳	405	14	73
13	9	廖淑樺	402	16	69
14	10	閻盈幸	399	18	65
15	11	賴素蕙	406	12	77
16	12	呂芝寧	401	17	67
17	13	張雅倩	396	20	61
18	14	吳文隆	391	23	55

第四項 執行步驟

Step1 開啟範例檔案。

A. 打開 Ch6-example.xlsx。

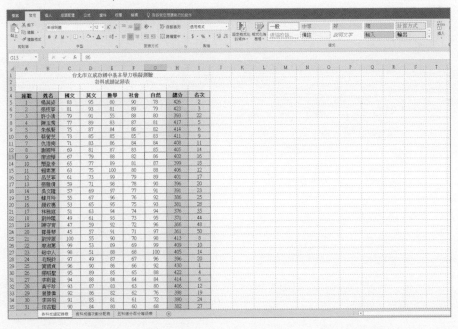

Step2 設定各科成績次數分配表。

A. 切換到**各科成績次數分配表**，在 D6 欄位輸入 =sum(c$6:c6)。

	科目	國文		英文		數學		社會		自然	
	級距	人次	累計	人次	累計	人次	累計	人次	累計	人次	累計
91 ~ 100		=sum(c$6:c6)									
81 ~ 90		12									
71 ~ 80		15									
61 ~ 70		5									
51 ~ 60		5									
41 ~ 50		3									
31 ~ 40		0									
21 ~ 30		0									
11 ~ 20		0									
0 ~ 10		0									

（台北市立成功國中基本學力測驗各科成績　各科成績次數分配表）

B. 框選 C6 和 D6，滑鼠拖拉此方框右下角，將方框擴展到 L6。

	科目	國文		英文		數學		社會		自然	
	級距	人次	累計	人次	累計	人次	累計	人次	累計	人次	累計
91 ~ 100		10	10								
81 ~ 90		12									

（台北市立成功國中基本學力測驗各科成績　各科成績次數分配表）

C. 擴展完成後，再次框選 C6 和 L6，滑鼠拖拉此方框右下角，將方框擴展
到 L15。

	科目	國文		英文		數學		社會		自然	
	級距	人次	累計	人次	累計	人次	累計	人次	累計	人次	累計
6	91 ~ 100	10	10	3	3	10	10	0	0	20	20
7	81 ~ 90	12									
8	71 ~ 80	15									
9	61 ~ 70	5									
10	51 ~ 60	5									
11	41 ~ 50	3									
12	31 ~ 40	0									
13	21 ~ 30	0									
14	11 ~ 20	0									
15	0 ~ 10	0									

（第1、2列為標題）台北市立成功國中基本學力測驗各科成績 / 各科成績次數分配表

D. 得到如下方的結果。

	科目	國文		英文		數學		社會		自然	
	級距	人次	累計	人次	累計	人次	累計	人次	累計	人次	累計
6	91 ~ 100	10	10	3	3	10	10	0	0	20	20
7	81 ~ 90	12	22	15	18	18	28	12	12	21	41
8	71 ~ 80	15	37	15	33	11	39	13	25	6	47
9	61 ~ 70	5	42	11	44	10	49	14	39	2	49
10	51 ~ 60	5	47	5	49	1	50	11	50	1	50
11	41 ~ 50	3	50	1	50	0	50	0	50	0	50
12	31 ~ 40	0	50	0	50	0	50	0	50	0	50
13	21 ~ 30	0	50	0	50	0	50	0	50	0	50
14	11 ~ 20	0	50	0	50	0	50	0	50	0	50
15	0 ~ 10	0	50	0	50	0	50	0	50	0	50

（標題列：台北市立成功國中基本學力測驗各科成績 / 各科成績次數分配表）

Step3 設定各科成績記錄表。

A. 切換到各科成績記錄表，根據設計項目，條件一，名次為前十名；條件二，條件一成立後檢查科目是否有不及格，此兩個條件都必須同時成立。點選 A5 到 I54（不包含座號、姓名等標題類，可以先選擇 A5 後，按 Ctrl ＋ Shift ＋ End 按鍵組合就可以框選到末端的資料）。

座號	姓名	國文	英文	數學	社會	自然	總分	名次
1	楊英姿	83	95	80	90	78	426	2
2	張枝華	81	93	81	89	79	423	3
3	許小清	79	91	55	88	80	393	22
4	陳玉秀	77	89	83	87	81	417	5
5	朱佩賢	75	87	84	86	82	414	6
6	蔡營芝	73	85	85	85	83	411	9
7	仇浩南	71	83	86	84	84	408	11
8	謝國琳	69	81	87	83	85	405	14
9	廖淑樺	67	79	88	82	86	402	16
10	簡盈幸	65	77	89	81	87	399	18
11	賴素蕙	63	75	100	80	88	406	12
12	呂芝寧	61	73	99	79	89	401	17
13	張雅倩	59	71	98	78	90	396	20

B. 選項列→常用→設定格式化的條件→新增規格。

C. 新增格式化規則→使用公式來決定要格式化哪些儲存格→編輯規則說
明，輸入運算式 =AND($I5<=10,countif($C5:$G5,"<60")=0) (說明：AND
為條件都必須成立；判斷名次是否有小於等於 10，所以要檢查 I 欄位，
並且鎖定該欄位；檢查這五科成績內容是否有小於 60，先選擇這五科的
固定內容欄位 $C5:$G5，設定條件式是否有＜ 60；算式後方的＝ 0 是判
斷比數是否 0，如果是 0 筆就是我們想要的資料)。

D. 承上，選擇**格式→字型**(**橙色、粗體**)。

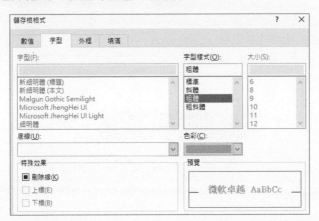

E. 承上，選擇填滿→深紅。

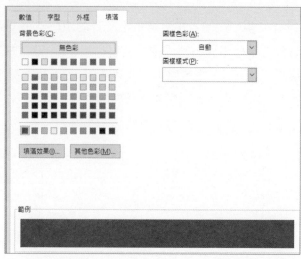

	台北市立成功國中基本學力模擬測驗							
	各科成績記錄表							
座號	姓名	國文	英文	數學	社會	自然	總分	名次
1	楊英姿	83	95	80	90	78	426	2
2	張枝華	81	93	81	89	79	423	3
3	許小清	79	91	55	88	80	393	22
4	陳玉秀	77	89	83	87	81	417	5
5	朱佩賢	75	87	84	86	82	414	6
6	蔡營芝	73	85	85	85	83	411	9
7	仇浩南	71	83	86	84	84	408	11
8	謝國琳	69	81	87	83	85	405	14
9	廖淑樺	67	79	88	82	86	402	16
10	簡盈幸	65	77	89	81	87	399	18
11	賴素蕙	63	75	100	80	88	406	12
12	呂芝寧	61	73	99	79	89	401	17
13	張雅倩	59	71	98	78	90	396	20
14	吳文隆	57	69	97	77	91	391	23
15	韓月玲	55	67	96	76	92	386	25
16	顏攸惠	53	65	95	75	93	381	28
17	林雅庭	51	63	94	74	94	376	35
18	劉仲隆	49	61	93	73	95	371	44
19	陳守育	47	59	92	72	96	366	48
20	鄒曼琴	45	57	91	71	97	361	50
21	劉芳源	100	55	90	70	98	413	8
22	廖淑蕙	99	53	89	69	99	409	10
23	粘中人	98	51	88	68	100	405	14
24	毛婉鈴	97	49	87	67	96	396	20
25	賀國貞	96	90	86	66	92	430	1
26	張昭聖	95	89	85	65	88	422	4
27	李斯盈	94	88	84	64	84	414	6
28	黃千珍	93	87	83	63	80	406	12

Step4 設定五科總分百分等級表。

A. 切換到五科總分百分等級表。

22	廖淑蕙			
23	粘中人			
24	毛婉鈴			
25	賀國貞			
26	張昭聖			
27	李斯盈			
28	黃千珍			
29	曾滕偉			
30	李宗伯			
31	任古藍			

各科成績記錄表　　各科成績次數分配表　　五科總分百分等級表

B. 框選 C5 → 選項列 → 插入 → 插入函數 fx。

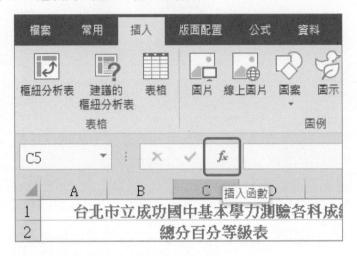

C. 在此視窗，類別部分選擇**全部**，找尋 VLOOKUP。

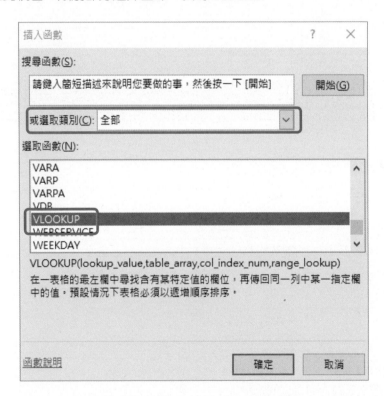

D. 計算**總分**：Lookup_value 選擇從**座號 A5** 開始搜尋，Table_array 為到哪裡找，可以用選項列→公式→用於公式→ score（這個 score 定義於各科成績記載表的全部資料），Col_index_num 為總分位於 score 下的**第 8 欄**。

E. 計算**名次**：Lookup_value 選擇從**座號 A5** 開始搜尋，Table_array 為到哪裡找，可以用選項列→公式→用於公式→ score（這個 score 定義於各科成績記載表的全部資料），Col_index_num 為**第 9 欄**。

F. 框選剛剛作的欄位，於方框右下角下拉或點兩下，可以將此算式布署到整張試算表內。

1	台北市立成功國中基本學力測驗各科成績				
2		總分百分等級表			
3					
4	座號	姓名	總分	名次	百分等級
5	1	楊英姿	426	2	
6	2	張枝華	423	3	
7	3	許小清	393	22	
8	4	陳玉秀	417	5	
9	5	朱佩賢	414	6	
	7	仇浩南	11	9	
12	8	謝國琳	405		
13	9	廖淑樺	402	16	
14	10	簡盈幸	399	18	
15	11	賴素蕙	406	12	
16	12	呂芝寧	401	17	
17	13	張雅倩	396	20	

G. 計算**百分等級**：依照設計條件進行公式運算。

VLOOKUP	× ✓ fx	=100-100/COUNT($C$5:$C$54)*(D5-0.5)					
	A	B	C	D	E	F	G
1	台北市立成功國中基本學力測驗各科成績						
2		總分百分等級表					
3							
4	座號	姓名	總分	名次	百分等級		
5	1	楊英姿		=100-100/COUNT($C$5:$C$54)*(D5-0.5)			
6	2	張枝華	423	3			

H. 選擇 E5，在方框右下角下拉到資料底端或者點兩下即可複製算式到全部。

1	台北市立成功國中基本學力測驗各科成績				
2		總分百分等級表			
3					
4	座號	姓名	總分	名次	百分等級
5	1	楊英姿	426	2	97
6	2	張枝華	423	3	95
7	3	許小清	393	22	57
8	4	陳玉秀	417	5	91
9	5	朱佩賢	414	6	89
10	6	蔡營芝	411	9	83
11	7	仇浩南	408	11	79
12	8	謝國琳	405	14	73

I. **百分等級**排序：選擇 E5 →選項列→常用→排序與篩選→從最大到最小排序。

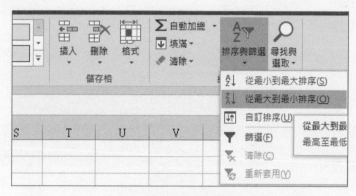

1	台北市立成功國中基本學力測驗各科成績				
2	總分百分等級表				
3					
4	座號	姓名	總分	名次	百分等級
5	25	賀國貞	430	1	99
6	1	楊英姿	426	2	97
7	2	張枝華	423	3	95
8	26	張昭聖	422	4	93
9	4	陳玉秀	417	5	91
10	5	朱佩賢	414	6	89
11	27	李斯盈	414	6	89
12	21	劉芳源	413	8	85
13	6	蔡營芝	411	9	83
14	22	廖淑蕙	409	10	81
15	7	仇浩南	408	11	79
16	11	賴素蕙	406	12	77

第四節　課堂習題

本章節 Microsoft Excel 的練習告一段落，希望讓使用者知道簡易的操作方式；在此我們作個小小的習題，依照本章節所作的方式進行本習題的練習，情境如下：

<table>
<tr><td align="center">習題情境說明</td></tr>
<tr><td>設計一張成績記錄表，依照本次範例所要求的設計項目，將所有的總分、名次、百分等級拉出並排序！</td></tr>
</table>

Week

7

Google Slides

第一節 Google Slides 介紹

Google Slides 為 Google 應用服務內一套投影片製作軟體，使用者可以透過 Google Slides 檢視、編輯與分享文件，使用的介面與方式與 Microsoft PowerPoint 和 Apple Keynote 類似，讓初學者或一般使用者都能夠很快速上手使用。

特別的是，由於 Google Slides 是作為投影簡報之用，目前 Google 已經推出離線功能，讓演講者可以帶著投影片四處跑，不會受限於網路存取，也讓此套件更趨近現實使用情況。

第二節 Google Slides 功能

有別於 Microsoft PowerPoint 和 Apple Keynote ，Google Slides 預設並無過多的樣板，但拜許多使用者的巧思，網路上可以下載許多免費且不輸套裝軟體的樣板，Google 官方也有預設簡易樣板可以使用。

Google Slides 的功能從製作標準投影片、圖表插入、轉場特效等皆有涵蓋，基本上常用的功能都有導入，以下圖表概略說明 Google Slides 的特別功能：

√ 免費	√ 多人編輯同步、分享
√ 線上檢視、編輯	√ 不佔用雲端硬碟空間
√ 跨平台、跨作業系統使用	√ 快速分享檔案
√ 線上圖庫	

相同的，Google Slides 一樣無單機應用程式，所有的操作都是在瀏覽器進行，而瀏覽器支援 Google Chrome、Firefox、Safari、Internet Explorer 等版本，使用者僅需使用以上瀏覽器即可登入 G Suite 內任何一套應用程式，線上編輯與檢視，而檔案全部放在雲端硬碟內，即時保存。

第三節　Google Slides 介面

　　承襲 Google 簡約的介面，Google Slides 的操作介面也繼承相同風格，簡潔且一目瞭然；功能列的排列則與 Microsoft PowerPoint 類似，功能則略少一些，但基本功能與實務上沒什麼差異性。以下為 Google Slides 的介面概述：

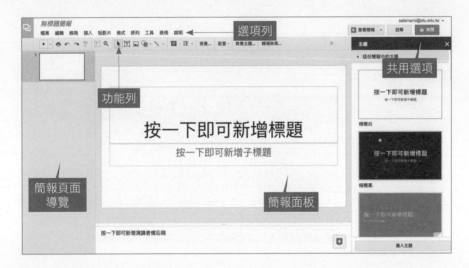

第四節　Google Slides Case Study-1

　　從本節開始，我們將利用一個情境題來實作 Google Slides，希望藉由此情境題可以瞭解 Google Slides 的操作與使用方式。

　　本次範例為投影片製作，相關說明如下所示：

第一項　範例情境說明

　　承襲 Google Docs 以及 Google Sheets 的範例，陳嘉銘想要利用 Google Slides 進行投影片製作，且這次投影片與眾不同，是在正常會議之後，利用 5 分鐘時間來一場互動式的 Lightning Talk，所以製作時就用簡易文字和圖片來帶入。

第二項　範例設計項目

1. 簡報第一張標題字體為 52，背景為黑色，字體為白色。
2. 轉場效果為淡出。
3. 插入圖片，文繞圖作為大頭貼。
4. 需插入一張大圖片，並調整圖片到適當大小。
5. 全部製作完畢後，發佈到網路。

第三項　範例預期成果

第四項　執行步驟

Step1 新增檔案。

A. 新增新簡報：雲端硬碟→新增→ Google 簡報→空白簡報。

Step2 建立投影片。

A. 簡報頁面導覽：新增→新投影片。

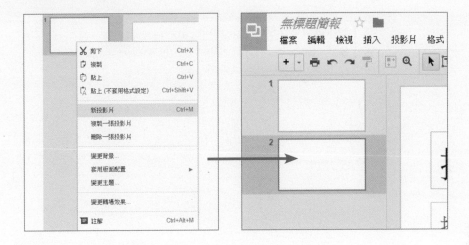

Step3 套用版面配置。

A. 在投影片按滑鼠右鍵→套用版面配置。

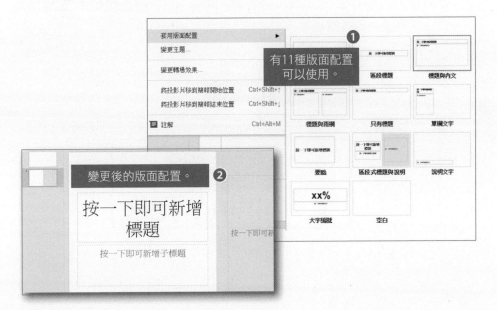

Step4 建立簡報名稱。

A. 建立簡報名稱。

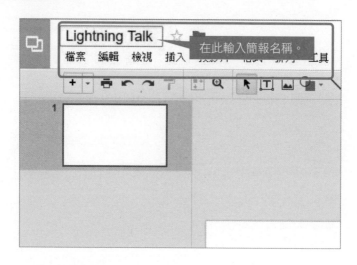

Step5 撰寫內文，修改文字。

A. 在簡報第一頁標題部分內容填入 Lightning Talk、設定標題字體大小為 52、設定第一頁背景為黑色，字體為白色。

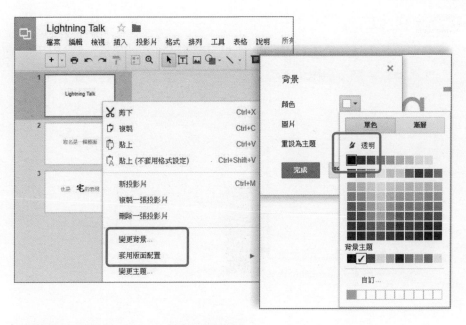

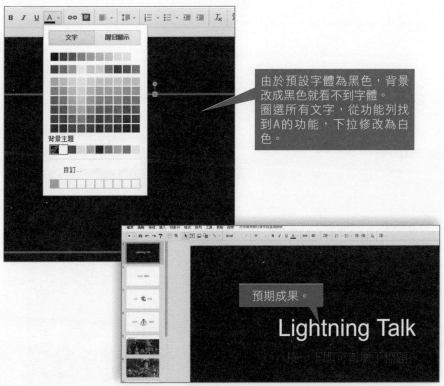

由於預設字體為黑色，背景改成黑色就看不到字體。圈選所有文字，從功能列找到A的功能，下拉修改為白色。

Step6 插入圖片。

A. 在要新增圖片的簡報頁面插入圖片：選項列插入→圖片，跳出視窗，可
將圖片直接拖拉至視窗即可上傳，也可利用相簿、雲端硬碟等將圖片插
入。

利用拖拉方式將圖片導入，
也可到電腦指定圖片上傳。

由於圖片太大，插入後會將
原本頁面文字蓋住。

Step7 設定轉場效果。

A. 設定轉場效果：選擇任一張投影片，選項列→插入→動畫，在右方會出
現動畫窗格，修改為「淡出」，套用到所有投影片。

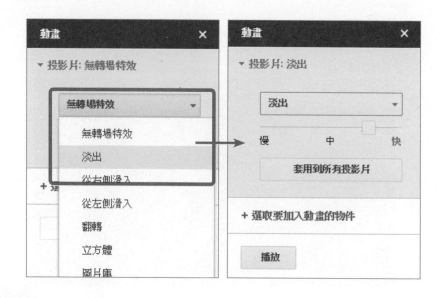

Step8 發佈到網路。

A. 檔案→發佈到網路。

B. 在發佈到網路的確認方塊內，點選發佈即可。

發佈到網路 ✕

這份文件已經在網路上發佈。

將您的內容發佈到網路上即可供所有人檢視。您可以提供您的文件連結,也可以嵌入您的文件。瞭解詳情

連結　內嵌

自動播放下一張投影片:

每 3 秒 (預設值) ⇕

☐ 播放器載入後立即開始投影播放

☐ 播放最後一張投影片後重新開始投影播放

https://docs.google.com/presentation/d/10WYW00upQZiswpvI46QZ_6pKirNhkPf7q⟩

其他共用這個連結的方式: G+ M f y

已發佈

▸ 已發佈的內容與設定

第五節　Google Slides Case Study-2

前一個範例為基本的 Google Slides 的製作方式,本範例則使用了 TQC 其中一個題目,增加了投影片母片的編輯方式,並使用匯入功能,將原本 PowerPoint 的檔案轉換成 Google Slides 格式。

本次範例為**溫泉會館投影片**,相關說明如下所示:

第一項　範例情境說明

靜界溫泉會館製作一份簡單的投影片,要讓使用者瞭解該會館的周邊景點、交通資訊、訂房專區等。

第二項　範例設計項目

1. 設定投影片母片：

- 匯入 ch7-example.potx。
- 修改投影片母片的背景格式為一致（插入圖片 background.jpg 作為背景）。
- 增加投影片**編號**，編號的文字大小為 **14**，**Arial** 字型，顏色為**深藍色**。
- 複製周邊景點版面配置，重新命名為**交通資訊**。
- 修改交通資訊版面配置，左邊圖片變更為 ppdinfo.jpg。

2. 設定投影片：

- 匯入 ch7-example_n.pptx，套用以上作好的母片格式。
- 設定第三～第五張投影片的版面配置分別為**訂房專區**、**周邊景點**、**交通資訊**。

第三項　範例預期成果

第四項　執行步驟

Step1 匯入與編修母片。

A. 新增新簡報：先將 ch7-example.potx 上傳雲端硬碟後，在該檔案按滑鼠右鍵選擇開啟工具→ Google 簡報。

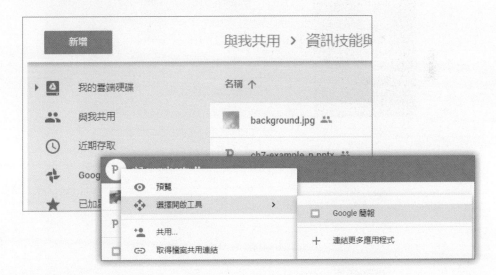

B. 選擇匯入的投影片,選項列→投影片→編輯主投影片。

C. 選擇主投影片,並於編輯視窗中按滑鼠右鍵→變更背景,並選擇設計項
目要求的 background.jpg 當作背景圖片。

D. 選擇版面配置的第一張投影片，於編輯視窗中按滑鼠右鍵→變更背景→
重設為主題→重設。

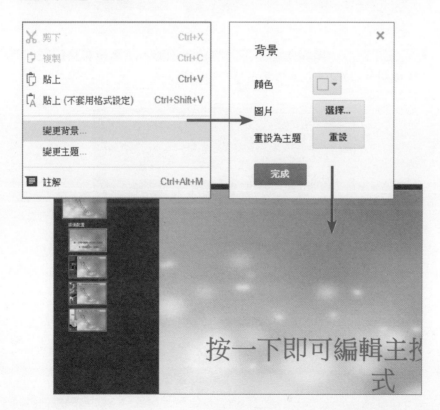

E. 點選主投影片，選項列→插入→投影片編號，設定為**開啟**，並**略過標題投影片**。

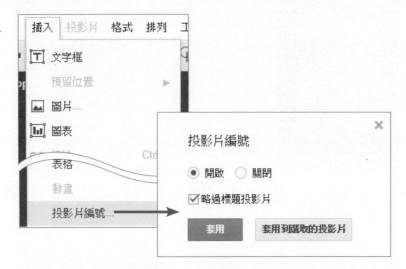

F. 點選主投影片，編輯視窗右下角將會出現 #，此為投影片編號；選擇 #，修改大小為 14，字型為 Arial，顏色為藍色。

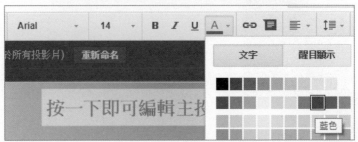

G. 點選版面配置中最後一張投影片，按滑鼠右鍵→複製一個版面配置。

H. 在複製出來的該投影片，點選上方**重新命名**處，將名稱改為**交通資訊**。

I. 選擇剛剛改好的**交通資訊**投影片，編輯處可以看到投影片內有一張寫著
   周邊景點的圖片，點選它→按滑鼠右鍵→取代圖片，在跳出的視窗內，
   上傳 ppdinfo.jpg。

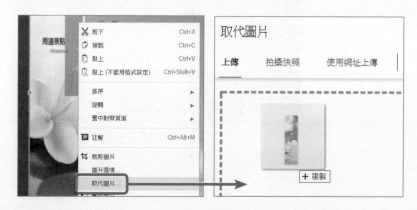

J. 由於該張圖片預設是置中顯示，所以先點擊該張圖片兩次，出現圖片編輯的方框，將此張圖片向左移動即可（在 Microsoft Excel 內可以微調圖片的對齊方式，但在 Google Slides 內無對應選項）。

K. 全部完成後，點選該視窗右上角的 x **離開編輯主投影片功能。**

Step2 匯入與編修投影片。

A. 選項列→檔案→匯入投影片。

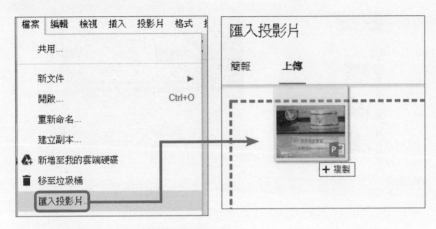

B. 匯入所有投影片，但不保留原始主題。

C. 匯入成功後，可以將第一張投影片刪除，僅保留匯入的投影片。

D. 選擇第三張投影片，選項列→投影片→套用版面配置→訂房專區。

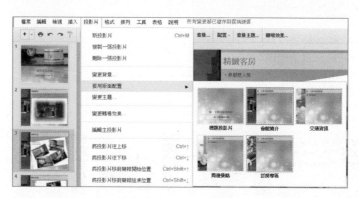

E. 依此類推，將第四張投影片套用周邊景點，第五張投影片套用交通資訊。

第六節　課堂習題

本章節 Google Slides 的練習告一段落，希望讓使用者知道簡易的操作方式；在此我們作個小小的習題，依照本章節所作的方式進行本習題的練習，情境如下：

習題情境說明
在第三章的時候我們進行了個人履歷表的製作，而本章的習題將利用該履歷表來製作介紹自己的投影片。 　在此投影片內，首頁黑底白字，字型為 52，除了第一頁外，其他頁面則依照擺放個人簡介、專業能力、專業證照、工作經驗、教育程度等資訊，最後再發佈在網路上作為分享。 　（由於個人資料是屬於敏感資訊，部分文字建議用 * 號取代，避免有心人士利用）

NOTE

Week

8

Microsoft PowerPoint

第一節 Microsoft PowerPoint 功能

Microsoft PowerPoint 是 Microsoft Office 辦公室套裝軟體內其中之一，屬於投影片簡報應用程式，包含投影片編修、動畫特效等功能；Microsoft PowerPoint 儲存的副檔名為 .ppt，從 Word 2007 版本開始導入新的 .pptx 檔案格式。

第二節 Microsoft PowerPoint 介面

Microsoft PowerPoint 不同版本的介面不盡相同，尤其是前幾代版本，而 PowerPoint 2013 和 PowerPoint 2016 這兩個常見的版本介面差異不多，學習上不會受到影響。以下為 Microsoft PowerPoint 2016 的介面概述：

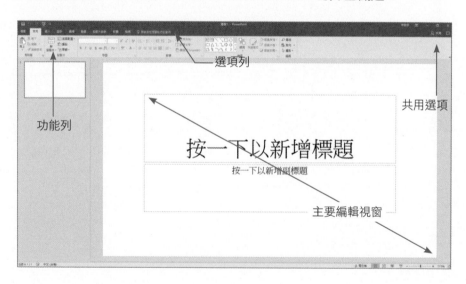

第三節 Microsoft PowerPoint Case Study

從本節開始，我們將選用 TQC PowerPoint 2013 模擬試卷術科的其中一題 **FUN** 遊臺北實作 Microsoft PowerPoint，希望藉由此解題方式瞭解 Microsoft PowerPoint 的操作與使用方法。

第一項 範例情境說明

本範例提供含有內文的 PowerPoint 一份，在此投影片內，我們將從第一張開始進行編修，所有的設計項目依照底下要求進行。文字藝術師、動畫等實作範例將會在此範例實作，另外還有基本的插入圖片、編修項目文字、SmartArt 等也在其中設計項目出現。

第二項 範例設計項目

1. 使用 **background.gif** 作為全部投影片背景，透明效果為 **50%**。
2. 投影片 **1** 標題格式：

   ■ 標題文字：套用**漸層填滿、紫色、輔色 4、反射**，文字藝術師效果，大小為 **88**。

   ■ 文字效果：光暈效果為**橙色、強調色 6、5pt 光暈**。

3. 設定投影片 **1** 副標題格式：

   ■ 副標題文字套用**填滿、紅色、輔色 2、霧面質感浮凸**，大小為 **44**，字型為**標楷體**，文字效果為**右斜**。

4. 設定投影片 **2** 項目文字格式：

   ■ 將投影片 **2** 的項目文字改成 SmartArt **六邊形圖組、鮮明效果、彩色 - 輔色**、設定替代文字描述為 **Taipei**。

   ■ 承上，修改 SmartArt 圖案內的六邊形圖案，分別將 **1.gif ～ 10.gif** 檔案填滿之；設定動畫效果為**飛入、自上、群組圖型 - 一個接著一個**，期間為 **0.75**。

   ■ 刪除投影片 **3**。

5. 在投影片 3 插入圖片 fun.jpg，替代文字描述為 fun.jpg；圖片位置相對於左上角、水平 9.9cm、垂直 13.36cm、設定動畫效果為彈跳、期間為 2.50。

6. 設定投影片 3 頁尾臺北市文化局，加入超連結，連結至 http://www.culture.gov.tw/。

第三項　範例預期成果

Step1 開啟範例檔案。

A. 打開 ch8-example.pptx。

Step2 設定背景。

A. 選項列→設計→格式背景。

B. 背景格式→選擇**圖片或材質填滿**→圖片插入來源→選擇檔案 background.
gif。

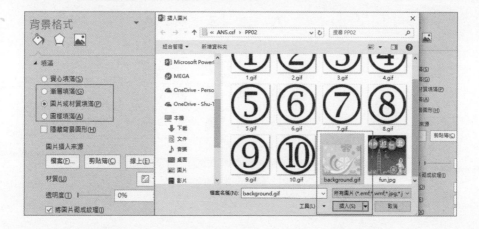

C. 背景格式→透明度改成 **50%**→全部套用。

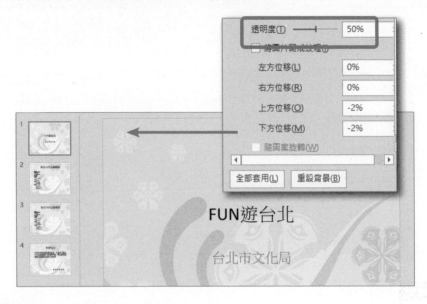

Step3 設定標題效果。

A. 設定標題文字為**漸層填滿**。

① 圈選標題文字→選項列→格式→文字藝術師樣式→選擇**漸層填滿 - 青色，輔色 5；反射**。

B. 設定漸層填滿的顏色為紫色。

① 框選文字→圖案格式→文字選項→漸層停駐點（預設有三個，從左到右依序點選）→色彩（**紫色、輔色 4、較深 50%，依序較深 50% →較淺 40% →較淺 80%**）。

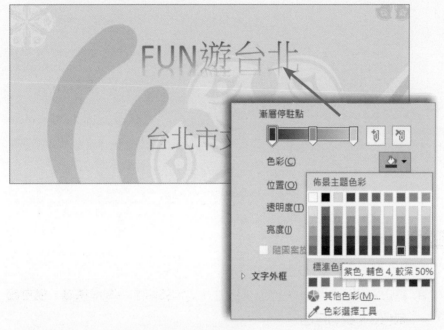

C. 常用→字型大小→將字型大小改成 88。

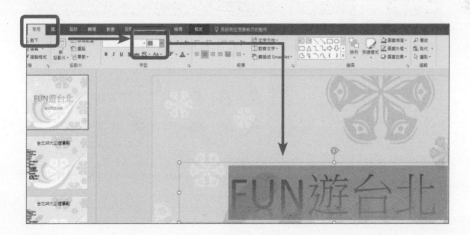

D. 設定光暈效果。

① 框選文字→選項列→格式→文字效果→光暈→橙色、光暈 5。

Step4 設定副標題格式。

A. 設定副標題文字：

① 框選副標題文字→選項列→格式→文字藝術師→選擇**填滿、橄欖綠、輔色 3、銳利浮凸**。

② 框選副標題文字→圖案格式→效果→陰影（**位移、左下方**）→色彩
（白色、背景 1、較深 25%）。

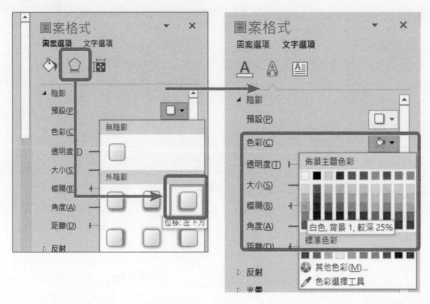

③ 框選副標題文字→圖案格式→效果→立體格式→材質（**暖霧面質感**）
→光源（**柔光**）。

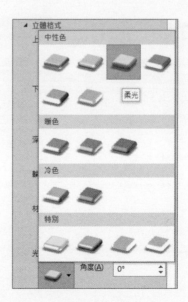

④ 框選副標題文字→圖案格式→文字選項→色彩→紅色。

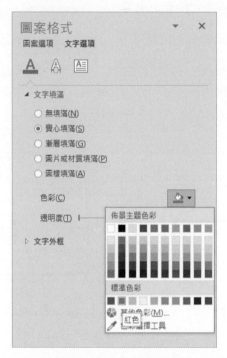

⑤ 框選副標題文字→選項列→常用→**標楷體**→**字型大小 44**。

⑥ 框選副標題文字→選項列→格式→文字效果→轉換→右斜。

Step5 設定項目文字格式。

A. 設定項目文字格式：

① 框選內文→選項列→常用→**轉換成 SmartArt**→**其他 SmartArt 圖型**→
關聯圖→**六邊形圖組**。

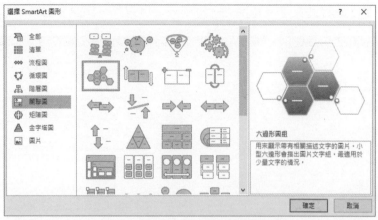

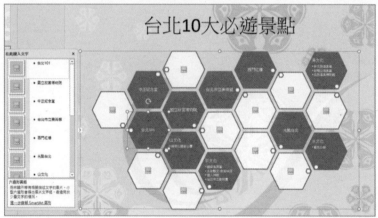

② 圖案格式→圖案選項→大
小與屬性→替代文字→描
述→輸入 Taipei。

③ 選項列→設計→ SmartArt 樣式→鮮明效果。

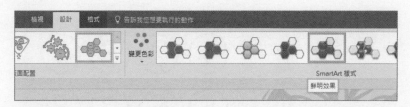

④ 選項列→設計→變更色彩→彩色、輔色。

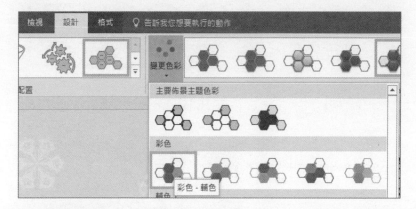

⑤ 點選六邊形需要輸入圖片的地方→插入圖片→從檔案→從範例包裡頭
找到 1.gif、2.gif 等圖案，並依序將六邊形的所有需要圖片加上 1 ～
10 的圖案。

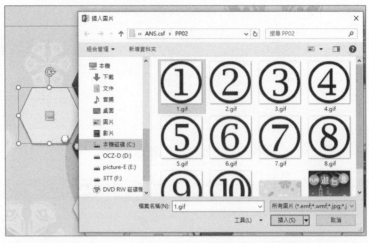

⑥ 點選六邊形→選項列→動畫→飛入→效果選項→自上。

⑦ 接續上一步→在**效果選項圖案點選右下方小箭頭（顯示其他效果選項）**→ SmartArt 動畫→群組圖形→**一個接一個**；期間→ **0.75 秒**。

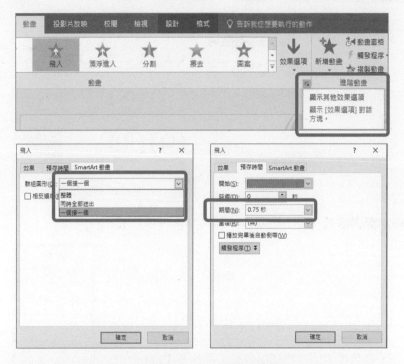

⑧ 在第三張投影片按滑鼠右鍵，選擇**刪除投影片**。

Step6 插入與調整圖片。

A. 選項列→插入→圖片→選擇 fun.jpg。

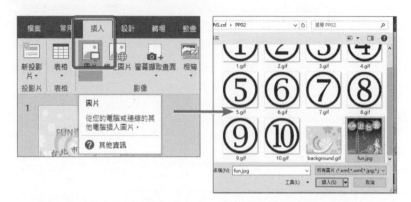

B. 設定**圖案格式**→大小與屬性→替代文字→輸入 **fun.jpg**。

C. 設定**圖案格式**→大小與屬性→位置→水平 9.9CM→垂直 13.36CM。

D. 選項列→動畫（下拉）→選擇**彈跳**，接著在右方的**期間**改成 **2.5**。

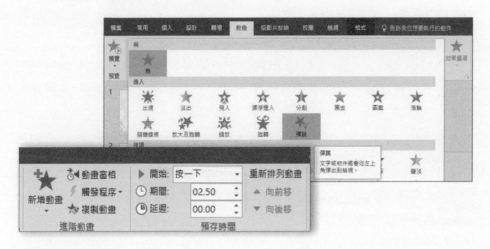

Step7 插入超連結。

A. 框選投影片 3 的頁尾文字**臺北市文化局**→選項列→插入→連結，在網址處打上 http://www.culture.gov.tw。

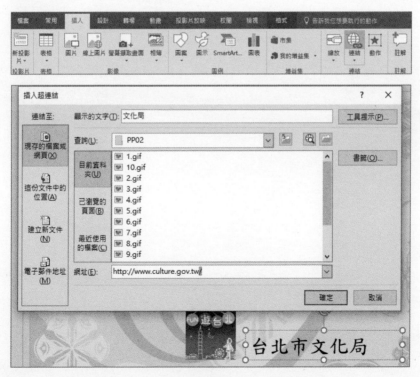

第四節　課堂習題

本章節 Microsoft PowerPoint 的練習告一段落，希望讓使用者知道簡易的操作方式；在此我們作個小小的習題，依照本章節所作的方式進行本習題的練習，情境如下：

習題情境說明

本次講義內為 Fun 遊臺北，所以在這習題，我們來 Fun 遊高雄吧！找出高雄十個必遊景點，十個不可不吃的美食，用相同的設計項目編列出六邊形圖組的 SmartArt 圖形，而標題一樣要修改為 Fun 遊高雄，試試看吧！

Week

9

期中考

NOTE

Week

10

Google Mail

第一節　情境介紹

　　Google Mail 可說是 Google 各大服務中的最核心功能，第一週大家已經申請好 Gmail 帳號，相信你一定迫不及待想趕緊試試，本章節將帶著你操作 Gmail，熟悉 Gmail 的操作介面，以及收發和閱讀電子郵件。另外還有一些更實用的 Gmail 操作技巧，裡面包括了許多已推出，但你卻不曾摸索過的新穎功能，種種設計都能替你在生活或是工作上帶來莫大的便利與幫助。

1. 登入 Gmail 網站服務，並在 Gmail 中寫信、轉寄以及收信。
2. 寄送 Gmail 郵件並寄送照片以及附加檔案。

　　因為現在提供免費信箱服務的網站非常多，每個人擁有多個電子信箱是很正常的，相信你也不會只有一個 E-mail 帳號，所以我們可以利用 Gmail 來整合你其他的信箱，統一由 Gmail 進行收信與發信的工作，更棒的是 Gmail 也提供強大的過濾垃圾信功能，幫所有的信箱過濾垃圾郵件。另外 Gmail 中的標籤與其他信箱的資料夾分類略為不同，譬如一封信只能屬於一個資料夾分類，但是卻可以套用在數種不同的標籤上。還有你知道如何利用篩選器快速過濾出你要的郵件嗎？那就讓我們一起來體驗 Gmail 帶給我們的便利功能。

1. 加入你另一組電子郵件信箱，嘗試收信與發信。
2. 善用標籤功能讓你的郵件自動分類。
3. 利用篩選器，找出你要的郵件。

　　我們開始吧！

第二節　Google Mail

一、基本操作

Step1　開啟瀏覽器，在網址列輸入 http://www.google.com.tw 連結到 Google
網站，接著在 Google 網頁的功能表中點選 Gmail 項目，連結到 Gmail
的登入畫面。

Step2　登入 Gmail(http://mail.google.com) 後，選取左上角的「撰寫」按鈕。

Step3 在新郵件中，輸入收件者、主旨、郵件內容後，按「傳送」按鈕送出
郵件，即可完成新郵件的寫信與寄出。

Step4 接著打開你郵件中的任一封信件。

Step5 再選取轉寄郵件的選項。

Step6 輸入收件者信箱、郵件內容後,按「傳送」按鈕送出,即可完成轉寄
郵件。

Step7 接著我們來寄出
一封有照片附件
的郵件給你的朋
友。依照前面步
驟撰寫一封新郵
件,接著按下
📎 按鈕插入附
件或照片。

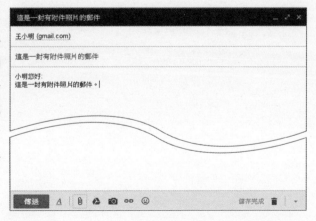

Step8 選取你要插入附件的檔案或照片,接著按開啟舊檔。

Step9 就可以看到檔案或照片已附加進去郵件中了,按下「傳送」按鈕就可寄出郵件囉。

二、使用 Gmail 收取外部信箱

Step1　首先登入你的 Gmail 信箱後，選取右上角的**設定**選項。

Step2　選取新視窗中的**帳戶和匯入書籤**，再點選**查看其他帳戶的郵件**中的**新
增郵件帳戶**選項。

Step3 輸入你要收取的外部信箱帳號。再按下「繼續」按鈕，往下一步。

Step4 輸入外部郵件的密碼後，按下「新增帳戶」按鈕。

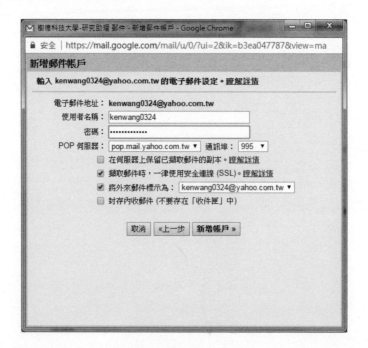

Step5 完成帳號密碼驗證後，按下「繼續」按鈕。

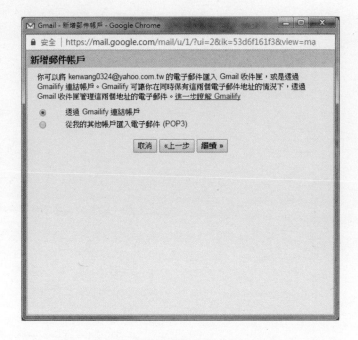

Step6 接著會有新視窗提示相關隱私權授權，按下「同意」按鈕。

Step7 看到以下畫面的時候，就完成 Gmail 與外部信箱的連結囉。

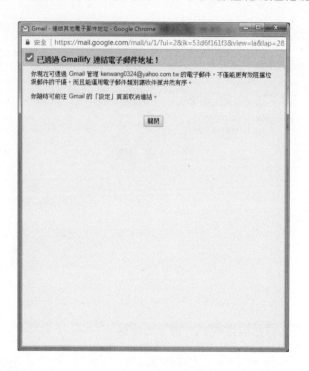

Step8 接著請確認 Gmail 設定中，剛剛設定的帳戶是否正常生效。恭喜你，
完成設定囉。

三、進階使用 Gmail——建立標籤

Step1 首先登入你的 Gmail 信箱後，選取右上角的**設定**選項。

Step2 接著進入標籤設定模式，建立新標籤。

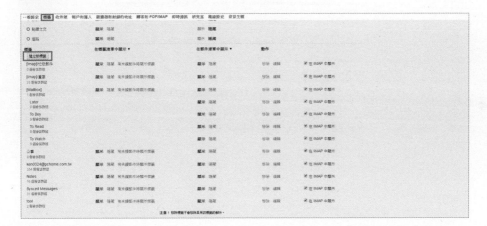

Step3 在欄位中輸入標籤名稱按下「建立」即可新增一個新的標籤。

新標籤

請輸入新的標籤名稱：

yahoo

☐ 於下方標籤底下建立巢狀標籤：

| ▼ |

建立　　　取消

Step4 接下來，到你的郵件中，選取任一封郵件，並為該封郵件套用前一步驟所建立的新標籤。按下套用後生效。

Step5 此時你可以透過左邊功能標籤列中，點選剛剛所建立的 yahoo 標籤，
即可以看到已經被套用標籤的郵件，正常顯示在你的右邊郵件列裡
了。善用這功能，可有效率的管理你的所有郵件分類喔。

Step6 如果你要取消某一郵件的標籤，只需針對該郵件，取消標籤列中的標
籤註記，並選擇套用，即可將該郵件的標籤取消。

四、進階使用 Gmail——篩選器

Step1 首先登入你的 Gmail 信箱後，選取右上角的**設定**選項。

Step2 接著進入篩選器設定模式，建立新篩選器。

Step3 輸入篩選器中的設定條件，本例子要篩選出主旨有關鍵字「**17Life**」的郵件。輸入後，選擇**根據這個搜尋條件建立篩選器**。

Step4 接著你可以看到有很多選項可以選，如：略過收件夾（將其封存）、
標示為已讀取、標上星號、套用標籤等等。

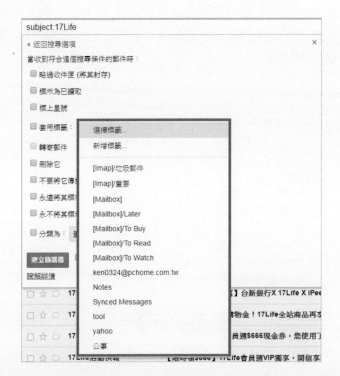

Step5 選擇標籤中，可看到我們原先已經建立的標籤註記。

Step6 選擇類別中，可以看見郵件中可分類的類別。

Step7 本例子，要把主旨含有關鍵字「17Life」的郵件，標上星號。勾選標上星號，並勾選套用到目前郵件中相符的 48 封郵件。按下「建立篩選器」按鈕。

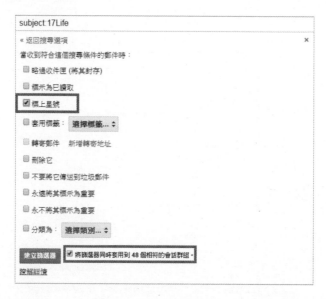

Step8 確認篩選器中，已經確實建立剛剛的「17Life」篩選器。

Step9 至郵件左邊選擇已加星號的選項，即可看到右邊所有套用篩選器成功
的 17Life 相關郵件。

NOTE

Week

11

Google 表單

第一節 情境介紹

什麼是 Google 表單呢？它是 Google 提供的一個免費產品，讓你能快速、簡單產生一個表單／問卷，供人填寫，同時也能在後台收取客戶填寫的回饋資料。Google 表單最早為 Google 試算表內的衍生功能，現在已經獨立出一個套件稱為「Google 表單」，但仍可與 Google 試算表相結合，創造出更多的應用。Google 表單有哪些特別功能呢？

1. **對使用者：**

   - 一目瞭然的呈現方式。

   - 跨平台設計，手機、電腦都可進行操作。

2. **對管理者：**

   - 拖拉式的製作。

   - 圖表統計數據。

   - 可多人同步編輯、分享。

   - 免費。

   - 可與試算表結合。

不管是你是哪一個科系的學生、網拍賣家、上班工作者，沒錢搞線上問卷系統的、朋友之間要約吃飯時間很難喬的，還是辦活動沒錢搞專門報名網頁的人，來吧，你的人生從此不再黑白！

以往我們最困擾的問題之一，就在於沒有一些工具來協助蒐集、整理訊息回饋，如民調、問卷調查、活動滿意度調查、線上報名系統，都是一般人無法輕易完成或有能力開發的數位工具。但是現在你只需要善用 Google 表單，搭配合宜的設計，這些東西是任何一個沒有資訊背景的人都可以獨立設計並完成的工具。同時，善用網路無遠弗屆的特性也能夠讓這樣的回饋蒐集工具，成為你工作上獨一無二的便利工具喔。

Case Study：

　　今天如果你是一個上班族，老闆要你舉辦一個員工戶外觀摩活動，並且要你馬上作出一個線上報名系統，透過網路提供給全公司員工可以上線報名！因為全公司員工數眾多，而且公司營運也要正常、不能停擺，所以員工戶外觀摩活動將採分兩天兩梯次進行。接下來就讓我們開始策畫，完成老闆交付給我們的任務吧！

第二節　Google 表單

Step1　開啟瀏覽器，在網址列輸入 http://www.google.com.tw 連結到 Google 網站，接著在 Google 網頁的功能表中點選 Gmail 項目，連結到 Gmail 的登入畫面。

Step2 登入 Gmail 後點選右上角的雲端硬碟即可進入如下畫面：

Step3 選取我的雲端硬碟中的更多選項，裡面就可以看到 Google 表單。

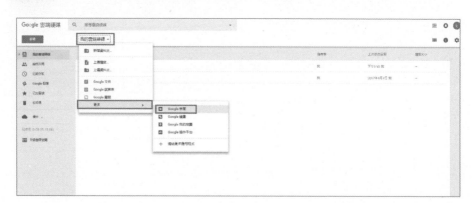

Step4 點選 Google 表單選項建立一份新的 Google 表單。

Step5 依序填入表單名稱：樹德科技股份有限公司員工戶外觀摩報名系統；
表單說明：樹德科技股份有限公司員工戶外觀摩報名用。

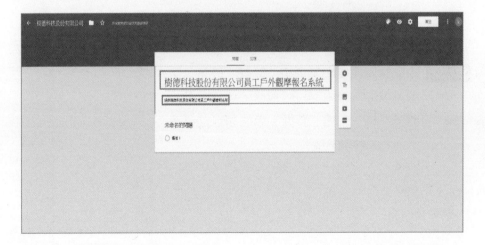

Step6 接著填入報名系統的第一個問題：姓名，後面選項選擇為：簡答。

Step7 每一個題目後面選項有：簡答、段落、單選、核取方塊、下拉式選單、線性刻度、單選方格、日期、時間。可依題目性質選擇適當的題目類型。

Step8 記得啟用第一題題目下方的是否「必填」選項。表示此題目為必填題目，填寫問卷貨調查表的人必須填寫此題目的答案或結果。

問題　　回覆

樹德科技股份有限公司員工戶外觀摩報名系統

提供樹德科技股份有限公司員工戶外觀摩報名用

姓名

簡答文字

= 簡答 ▼

必填

Step9 按右方的＋符號新增問題，並填入報名系統的第二個問題：單位，後面選項選擇為：簡答，啟用此題目為必填選項。

問題　　回覆

樹德科技股份有限公司員工戶外觀摩報名系統

提供樹德科技股份有限公司員工戶外觀摩報名用

姓名 *

簡答文字

單位

簡答文字

= 簡答 ▼

必填

Step10 接著填入報名系統的第三個問題：員工戶外觀摩日期，後面選項選擇為：單選，並於下方的選項 1 中輸入日期，啟用此題目為必填選項。

Step11 當我們完成此份報名系統的初稿後，可用右上角的預覽功能去看看報名系統完成後呈現出來的模樣。

Step12 進入預覽模式，就可以看到整個完成後的報名系統的模樣，如下
圖。當然如果覺得哪裡設計得不好，可以再重新回去修改，直到滿
意為止。

Step13 如果你覺得這個報名系統的版面顏色不喜歡，可以點選右上角的調
色盤功能來設定整個報名系統的版面顏色。

Step14 選擇調色盤中的橘色，套用後即可發現整個報名系統的版面顏色都改變了，你也可以嘗試別的顏色看看。

Step15 完成整份報名系統後，最重要的是如何通知大家呢？點選右上角的「傳送」按鈕，開啟傳送表單視窗。第一種模式為傳送郵件模式：輸入收件者電子郵件（可多人）、主旨、訊息，接著按下傳送，即可發送電子郵件給所有公司員工通知大家來報名囉。

Step16 第二種模式為傳送或分享報名系統連結，可看到視窗中有一個連結，可按右下角的複製功能，複製連結。透過 G+、Facebook、Twitter 來共用分享報名系統的連結。另外視窗中有一個縮短網址功能，勾選後可以產生「短網址」連結，解決因為原本連結過長的問題。

Step17 第三種模式為嵌入 HTML 模式，提供 HTML 的語法，可讓你直接複製後，嵌入在網站的適當位置，提供報名系統的功能。

第三節　情境介紹

　　完成上面的練習後是不是覺得很簡單呢，接著我們將使用兩個範例來說明 Google 表單製作，Case Study 2 為問卷調查，Case Study 3 為線上測驗。讓使用者學習到更多表單應用方式，讓我們一起來完成它吧！

Case Study 2 問卷調查：

要求說明：

1. 採用 Google 表單進行問卷調查製作，由於是開放式問卷，不需收集任何資訊，且使用者無須登入就可以進行此問卷調查。

2. 簡易說明此問卷調查原因與需求，本範例為「宿舍網路問卷調查」，詢問宿舍網路使用者是否願意將宿舍網路外包。

3. 於問卷題目內，需說明宿舍棟別（下拉式選單）與寢室房號（簡答），並選擇所提供的方案（必選），並於問卷最後可選擇性留下意見。

　　預期範例顯示如右：

設定說明：

Step1 開啟 Google 雲端硬碟，點選新增→更多→ Google 表單→空白表單。

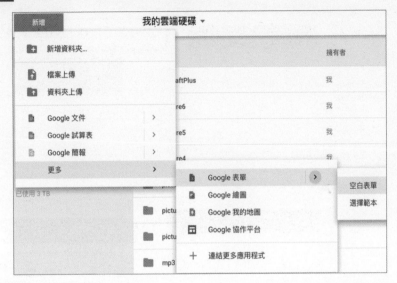

Step2 點選右上角的齒輪符號，進行初始設定；由於本問卷為開放性問卷，因此選項都不需勾選。

Step3 接著填入第一個問題,預設是單選,修改為「下拉式選單」;設定區塊名稱為「宿舍棟別」,選項則有第一～第五宿舍。

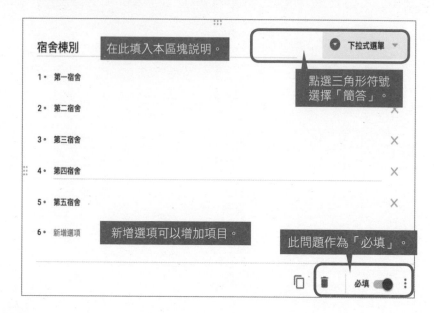

Step4 按右方的＋符號新增問題,預設是單選,修改為「簡答」;左方填寫「寢室房號」,右下角勾選「必填」。

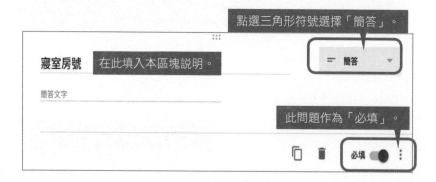

Step5 接續新增問題,預設是單選;設定區塊名稱為「請依上列說明選擇自己所要的方案」,增加三個方案,分別為「方案一:由電信業者承接本校宿舍網路服務。」、「方案二:仍使用本校提供的學術網路。」、「方案三:不使用網路。」,右下角勾選「必填」。

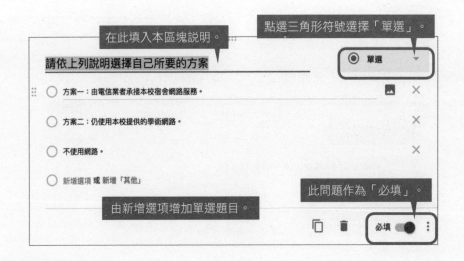

Step6 新增最後一個問題,預設是單選,修改為「段落」;設定區塊名稱為「其他想法」。

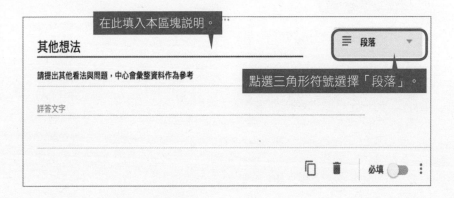

Case Study 3 線上測驗:

要求說明:

1. 採用 Google 表單進行線上測驗製作,權限為「收集電子郵件位址」、「需登入」、「僅限回覆一次」、「提交後不能編輯」、「不需顯示作答內容」。

2. 需顯示進度列,並隨機決定問題順序。

3. 總共出題 50 題,每一題分數為 2 分,題型需包含單選與複選題。

4. 每 5 題進行一個區段,在此區段內題目皆為隨機順序。

5. 繳交測驗後自動批改，並告知學生成績，但不需告知答錯或正確的答案
   與問題。

   預期範例顯示如下（擷取部分）：

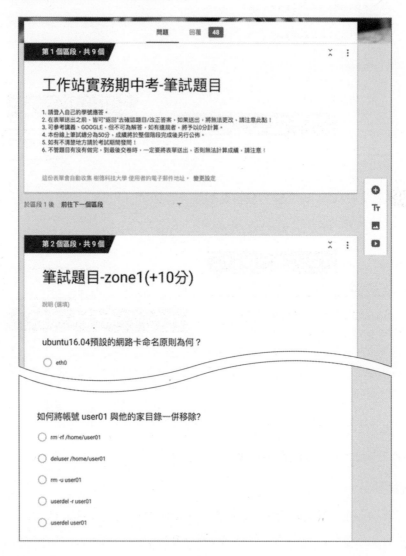

設定說明：

Step1 開啟 Google 雲端硬碟，點選新增→更多→ Google 表單→空白表單。

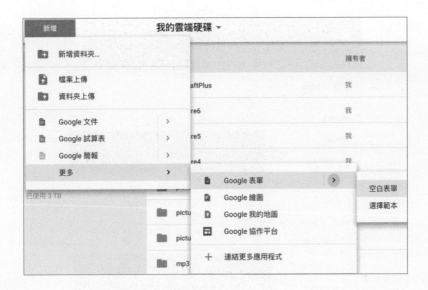

Step2 點選右上角的設定（齒輪符號），進行初步設定。本設定將依照需求，設定為測驗；權限則設定為「收集電子郵件位址」、「需登入」、「僅限回覆一次」、「提交後不能編輯」、「不需顯示作答內容」，設定完畢後，按下「儲存」即可。

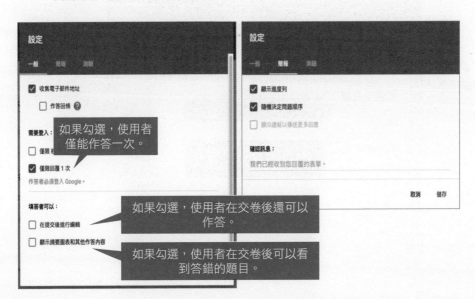

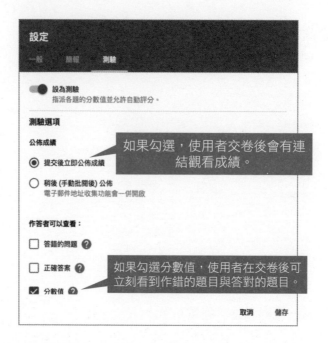

Step3 表單建置說明。

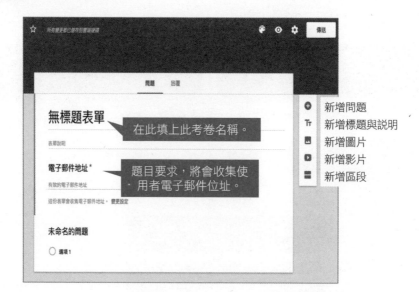

Step4 點選新增問題後,將會帶出「問題」區段,並於右
方「單選」部分下拉後有更多條件可以使用。

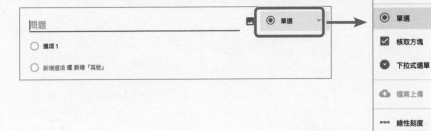

右側選單:

═	簡答
≡	段落
◉	單選
☑	核取方塊
●	下拉式選單
☁	檔案上傳
•••	線性刻度
⊞	單選方格
📅	日期
🕐	時間

Step5 建立單選題與正確答案作法。

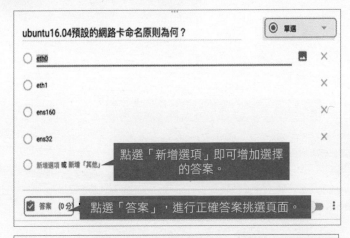

點選「新增選項」即可增加選擇的答案。

點選「答案」,進行正確答案挑選頁面。

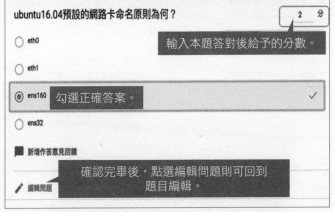

輸入本題答對後給予的分數。

勾選正確答案。

確認完畢後,點選編輯問題則可回到題目編輯。

Step6 回到題目編輯後，點選右下角三個點，接著勾選「隨機決定選項順序」。

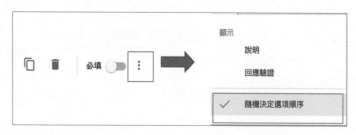

Step7 建立複選題與正確答案作法。

系統內已經安裝一套件foo，如何完整移除之並包含設定
檔也一併移除？(複選2個)　　　　　　　　　　　☑ 核取方塊 ▾

選擇「核取方塊當作複選題方式」。

☐ apt purge foo

☐ apt remove foo　　　　　　　　　　　　　　　　　　✕

☐ dpkg -r foo　　　　　　　　　　　　　　　　　　　✕

☐ dpkg -P foo　　　　　　　　　　　　　　　　　　　✕

☐ 新增選項 或 新增「其他」

點選「新增選項」增加可選擇的答案。

☑ 答案 (0 分)　　點選「答案」進行正確答案挑選頁面。　　🗑 必填 ⬤ ⋮

系統內已經安裝一套件foo，如何完整移除之並包含設定檔也一併移
除？(複選2個)　　　　　　　　　　　　　　　　　2 ⊕ 分

☑ apt purge foo　　勾選正確答案。　　　　填入本題答對後給予的分數。

☐ apt remove foo

☐ dpkg -r foo

☑ dpkg -P foo　　勾選正確答案。　　　　　　　　　　✓

💬 新增作答意見回饋

✏ 編輯問題

Step8 回到題目編輯後，點選右下角三個點，接著勾選「隨機決定選項順序」。

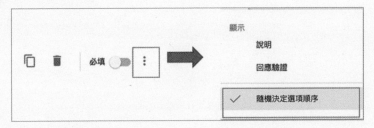

Step9 每出完五題題目，可以點選右方「增加區段」。

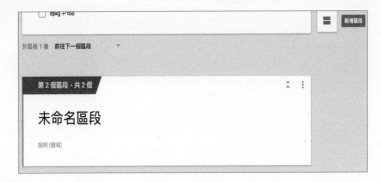

Step10 使用者交卷後，此表單會回覆訊息給使用者，並可在表單頁面內「回覆」看到詳細內容，包含分數、圖表等資訊；另外此表單會結合 Google 試算表，點選右上角符號可切換。

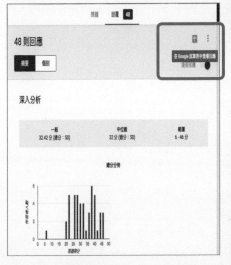

Week

12

YouTube 微電影

第一節 情境介紹

最新網路上有很多影片分享，從搞笑、吵架、檢舉影片、三寶[1] 實況、親子、寵物、生日、慶祝等等好多好多影片，以前這些影片要剪輯，都要有專家加上專業的器材，才能完成有影片、有字幕、有特效的影片，但時光來到了 2017 年，這些技術已經進步到只要一個人和一支行動電話就可以完成！這實在是太神奇了，傑克！

而 Google Play 上有很多影像編輯軟體，今天筆者要介紹的是 InShot，它的操作很直覺，也很容易操作！也支援影片製作完直接分享到 FB、Instagram、YouTube 等等平台，太方便了！

那我們就開始一步一步的操作練習吧！

這個影片是筆者在義大利旅遊時拍攝的，背景是在一個名叫加爾達湖的地方，當天午餐是自理，所以用完午餐之後，我們就在湖邊散步而拍下了這段影片。

---

1. PTT 用語，在馬路上會危害用其路人的統稱。

第二節　操作

Setp1 先在 Google Play 上搜尋 InShot 並安裝。

Step2 安裝好後執行，進入程式是英文版介面，按右上角的螺絲圖案。

Step3 在 Language 裡，改成繁體中文，程式就會中文化呈現。

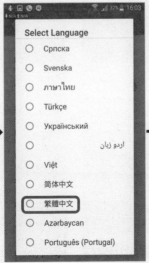

Step4 選擇要編輯的影片。

Step5 這段 40 秒的影片，InShot_before.MP4 的前面 15 秒是 NG 廢言，所以我們要把它剪掉，動作就是把下方綠色的卷軸，從左邊拖拉，有綠色卷軸的長度就是要留下來的區段，如此，就是我們要的後段 25 秒內容，選定之後按一下右方勾勾圖案。

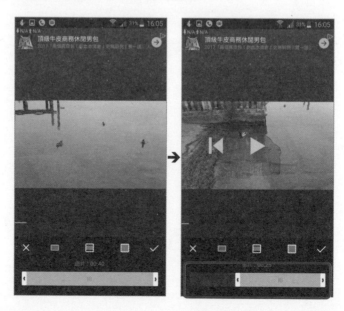

Step6 按一下下方的「本文」，就可以打上字幕囉！是不是很簡單？

Step7 因為影片中有提到加爾達湖，所以第一個字幕就打上「加爾達湖」。按框框右下角的雙箭頭符號，就可以放大縮小字體哦！還可以旋轉字體角度，才不會太呆板。

Step8 按下中間色盤的圖案就可以改變文字的顏色了！

Step9 因為影片中，講到湖名大約只有1秒的時間，所以我們把這個文字的長度縮短，而且拉至提到湖名的地方。

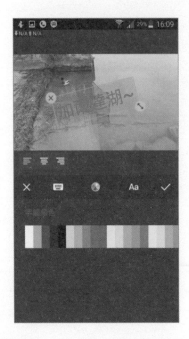

Step10 影片裡又提到了「很肥的鵝」，還有「水很清澈」，所以我們再如法炮製，也是改變字體顏色、角度以及大小，並放置在影片介紹處。

Step11 最後影片裡說了兩次 ciao，所以我們也放置兩個 ciao 的文字，如此一來，在這個範例裡，就有四個文字呈現了！是不是很簡單？

Step12 字幕上完之後，影片裡提到午餐去吃了漢堡和披薩，所以點選下方的「小貼」，剛好有免費的漢堡和披薩圖案，點下去！

Step13 圖案跟文字操作的方法一
樣，圖案也是可以放大縮
小和設定出現的時間長
度，所以我們把漢堡和披
薩更改到影片中提到的地
方。

Step14 一段好的影片，背景音樂佔很重要的成份，所以請按一下下方的音
樂，就可以插入背影音樂。你可以使用推薦的免費音樂，也可以按
「我的音樂」，就可以插入手機上的音樂檔囉！按下使用，再把音
樂的音量降低，不然會聽不清楚影片介紹內容。

Step15 更改背景顏色，會發現上下留空白的地方用顏色填補了！

Step16 或者如果你不要填滿顏色的背景，也可以選擇模糊背景，也有不錯的效果哦。

Step17 最後因為筆者比較內向，所以在臉部加密。

Step18 一切都設定好之後，就可以按下右上角的「保存」，並把這段影片匯出。解析度建議選高一點，因為高的轉低的簡單，但低的要轉高的就很困難了！選好之後，程式就開始轉換匯出影片囉！

Step19 轉完之後就可以上傳到各大社群分享平台，讓大家都可以看到囉！

Step20 打開自己的 Google YouTube 帳號，右上角的上傳按一下。

Step21 選取你編輯好的影片，然後上傳。

Step22 影片上傳中。

Step23 右手邊請設定這部影片公開的權限，如果你不想讓影片公開，只有你自己可以看到的話，請選擇私人；如果想半公開，知道連結的人就可以看到的話，就選擇非公開；如果這個影片想要讓大家看到，請設定為公開。

Step24 這個連結就是這部影片的超連結，寄給好朋友或貼到 FB 大家就可以看到囉！

注意：現在網路方便性大增，安全性卻無法完全跟上，所以如果不想公開的影片、照片，請千萬千萬不要上傳到網路，有可能一個疏失就會外洩而無法回收哦！

NOTE

Week

13

Google Maps

第一節　情境介紹

大家外出旅遊的時候，一定會有使用 Google Maps 找路的經驗，特別是國外旅遊語言不通的時候，你會發現 Google Maps 真是居家外出的良伴，不但有實景圖可以看，對於景點又有介紹，現在還進步到可以導航！在免費的前提之下，功能還打趴市面上很多導航軟體！

但它也不是沒缺點：

1. 使用 Google Maps 時要有網路。
2. 螢幕要常開。

光是以上這兩點，就讓筆者有些卻步了，解決方法不外乎就是多帶幾顆尿袋，[1] 不然就要事先用 Google Maps 下載離線地圖。

今天如果你是聯誼股長，要舉辦一場聯誼，行程內容是早上從學校集合，抽鑰匙出發，到 A 點的小 7 喝個涼的休息一下，再前往 B 點的加油站加油、上廁所，到 C 點住宿的地方，Check in 之後放好行李，再前往 D 點爬個山、玩個遊戲、看個夕陽，就去 E 點吃晚餐，之後再到 F 點去夜遊，最後再回到 C 點洗洗睡。第二天吃完早餐 Check out，就到 G 點玩個浮潛，中午再到 H 點吃當地有名的午餐，下午到 I 點禮品店買些歐咪阿給回去送辛苦的阿爸阿母，一路騎到 B 點加油站加油兼休息，然後回到學校解散！

以上這些內容如果是用文字描述，包準同學興趣缺缺！最好能圖文並茂還有路線圖，讓參加的同學一目瞭然！之後還能夠離線無網路導航！要完成以上功能，就要用到 Google My Maps 和 Google Play 裡的 MAPS.ME，那我們就開始策畫吧！

---

1. 網路用語，行動電源的意思。

第二節 Google My Maps

一、基本操作

Step1 打開 Google 瀏覽器，在右上角先登入你的帳號，搜尋 Google My Maps，選擇搜尋到的第一個目標。

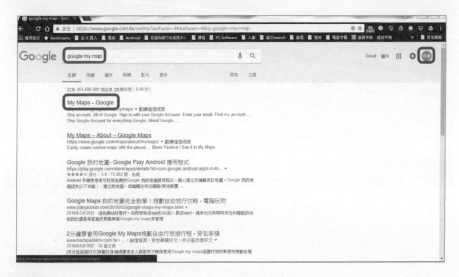

Step2 按左上角「建立新地圖」。

Step3 在「無標題的圖層」上按一下，改個名字叫「路線圖」。

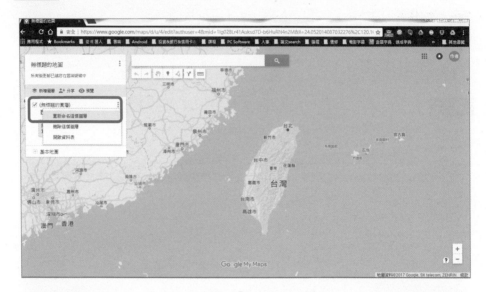

Step4 先找到學校,按一下「新增至地圖」。

Step5 再搜尋 7-Eleven 並標記。

Step6 搜尋加油站並標記。

Step7 按左上角「新增圖層」，輸入「吃&住」。

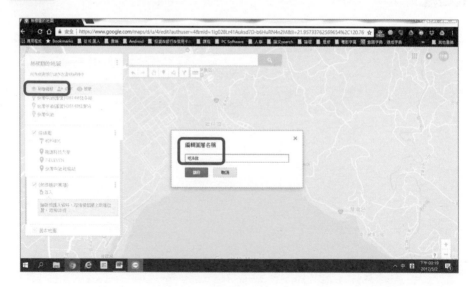

Step8 再把各個景點依此方法標記，並變更圖案及顏色。

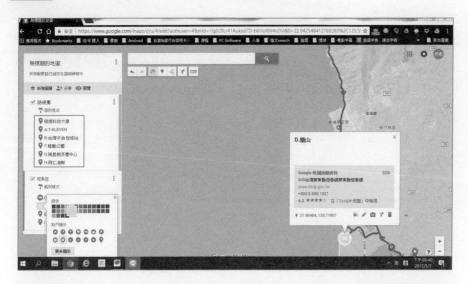

Step9 如此一來，要去的地點是不是一目瞭然！而且還可以分享地圖給同行同伴！

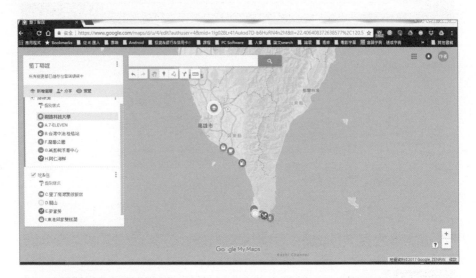

二、分享地圖給同伴

Step1 左上角按下分享。

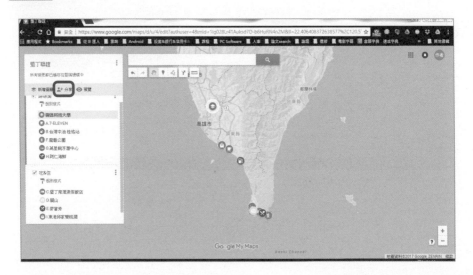

Step2 輸入同伴的 E-mail 就可以看到地圖內容囉！

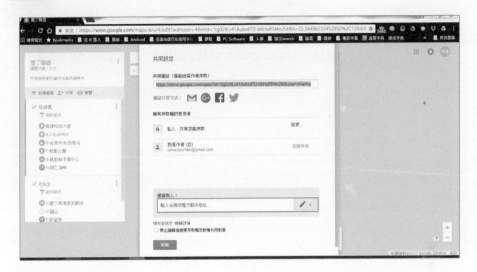

Step3 等同伴收到 E-mail 通知後，他也可以進入看到你們的冒險地圖。

三、匯出地圖景點

Step1 按下左上角三個點的圖案，選擇匯出成 KML。

Step2 在匯出為 KML 檔案上打勾，就可以把這張地圖的標籤檔匯出到電腦桌面囉！

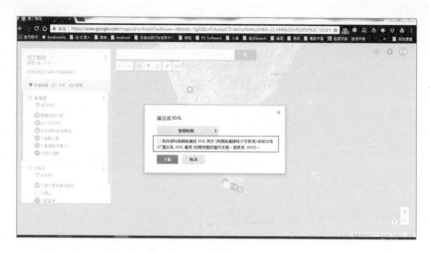

第三節　安裝 MAPS.ME

一、在 Google Play 上搜尋 MAPS.ME，然後安裝

二、匯入 KML 檔

Step1 把上一節匯出的 KML 檔複製到手機儲存空間，一個名叫 MapWithMe 的目錄裡即可。

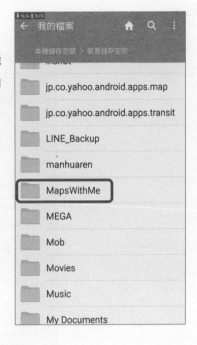

三、開始使用

Step1 執行 MAPS.ME 之後，就會看到你輸入的景點囉！

Step2 它可以離線導航，沒有網路也 OK 哦！

Step3 它有一個大羅盤的功能，只要跟著大方向走，也能到達目的地！特別
適合步行在小巷子裡哦！

第四節 Google 協作平台

以往，要架設一個個人網站，工程很浩大：要架設主機、申請一個固定
IP、申請一個 Domain Name（就是你熟悉的 www. 什麼東西 .com.tw 這一串文
字）、選擇架站軟體、怕停電資料會消失、還要放 UPS（不斷電系統），最重
要的，還有架站知識和寫 html 的技能，如果你不是資訊科系或是你有絕對
的熱誠，你應該就會打退堂鼓了！

現在你只要有一個 Google 帳號，所有的難題都不是你的問題了，架設
簡單的個人網站，輕鬆無比！

Step1 進到你的 Google 首頁並登入。

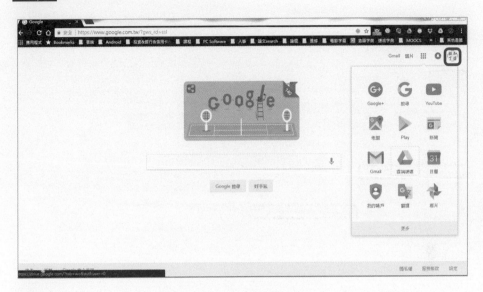

Step2 按右上角九個點點的圖案,選擇雲端硬碟。

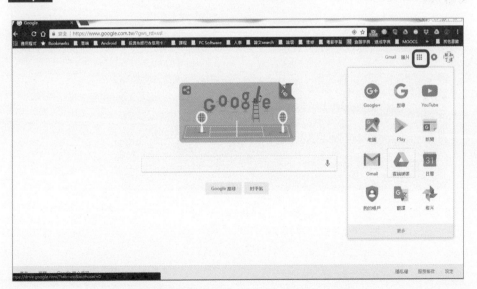

Step3 進入雲端硬碟後，選擇 Google 協作平台。

Step4 這就是個人網站的首頁畫面。

Step5 請在「你的頁面標題」上面按一下，並更改成「資訊技能與實作」。

Step6 請把左上角「未命名的協作平台」改成「實際操作題」。

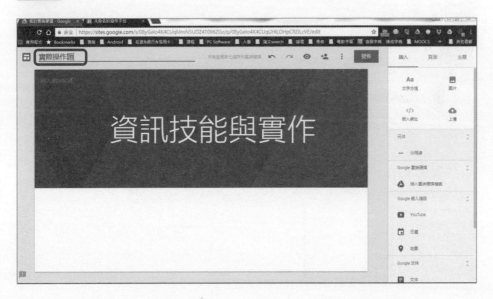

Step7 請按下右上角的「主題」，並選擇你喜歡的樣式及顏色，筆者選的是平面及黃色。

Step8 請在下方空白處按兩下，選擇「文字」，就可以輸入頁面說明。

Step9 請輸入「這是我的第一個 Google 網站」。

Step10 按一下右邊的「頁面」，按一下新增頁面。

Step11 頁面名稱請輸入「作品展示」。

Step12 按右上角的「插入」，選擇「Google 嵌入項目」，再按「YouTube」。

Step13 選擇之前編輯匯入的影片。

Step14 影片就會嵌入到這個頁面囉！是不是很簡單！

Step15 在影片下方的空白處按兩下，選擇「文字」，輸入這個影片的說明文字。

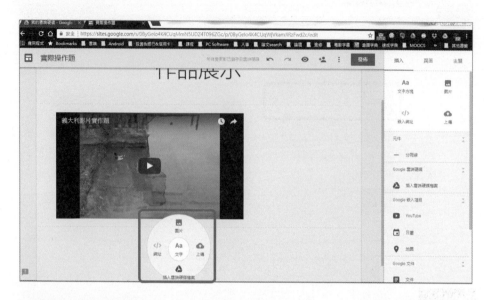

Step16 也可以按著這個說明前方的點點不放，拖曳到影片上方，讓觀看者
更快瞭解這個影片的內容。

Step17 再按一下右上角的「頁面」，點選「新增頁面」，頁面名稱請輸入
「作品展示 -Google 試算表」，按完成。

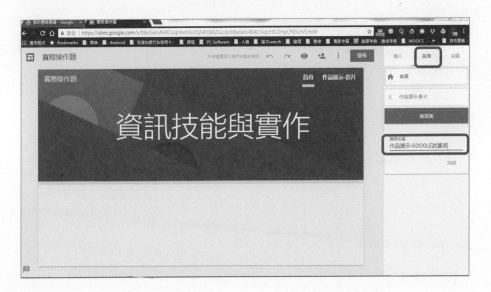

Step18 選擇右上角「插入」，選擇「Google 文件」中的試算表。

Step19 選擇之前練習的試算表。

Step20 就可以把之前的試算表作業嵌入到協作平台上。

Step21 在上面標題按一下，就可以改變標題文字的大小、樣式。

Step22 按一下右上角的眼球圖案，它具有預覽功能。

Step23 在網頁內容尚未發佈之前，你可以先預覽發佈之後的樣子。

Step24 預覽功能也能模擬電腦、平板、手機觀看的畫面。

預覽功能：手機觀看的畫面。

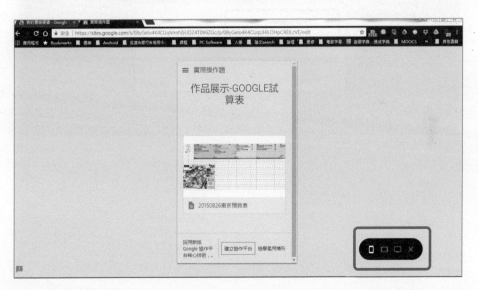

Step25 當內容都完成之後，就可以按右上角的藍底色的「發佈」，並輸入
協作平台位置，而你輸入的文字將會變成你這個網站的網址，但前
面的「https://sites.google.com/view/」這一串文字不能變動，而且
輸入的協作平台位置不能和其他的使用者重覆。以筆者這個示範來
說，筆者輸入的是「mrjameshomeword」，系統判斷沒有重覆，可
以使用，所以筆者的網址就會變成「https://sites.google.com/view/
mrjameshomework」，你把這個網址貼到你的 FB、LINE 等等平台公
告之後，別人就可以看到你的網站內容囉！

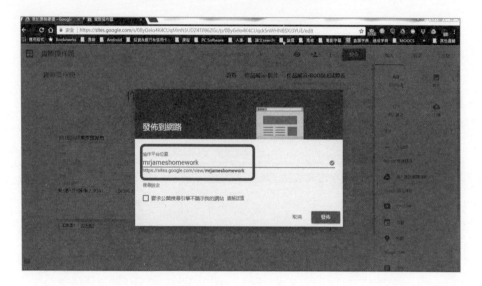

Week

14

生活 APP-1

第一節 情境介紹

筆者在撰寫此篇內容時，剛好收到 FB 聊天室傳來的訊息，傳訊者是筆者的家人，內容大概是這樣(見右圖)：

看到驗證碼是多少的訊息，馬上就知道有問題了，立馬傳 LINE 給家人，請他修改密碼，筆者繼續跟對方喇低賽。

其實對方是想要用這個 FB 帳號，騙取到筆者的 LINE 帳號，因為這個驗證碼是 LINE 在換手機時，需要輸入的驗證碼，所以如果筆者給了對方驗證碼，筆者的 LINE 帳號就會被對方盜走！

問題先回到源頭，我們要先阻止 FB 帳號被盜走，尤其現在幾乎每個人都有 FB 帳號，更是要注意資安問題，而我們需要用到的 APP，就是第一章所用到的 Google Authenticator ！

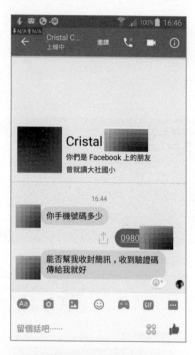

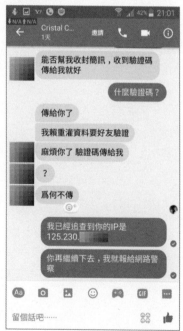

Step1 先進到 FB 首頁，按下右上角問號旁的倒三角形圖案，然後選擇設定：

Step2 點選左方的帳號安全，再點選雙重驗證。

Step3 筆者也很推薦使用手機號碼認證，如此只要手機不離手，你的帳號就安全！

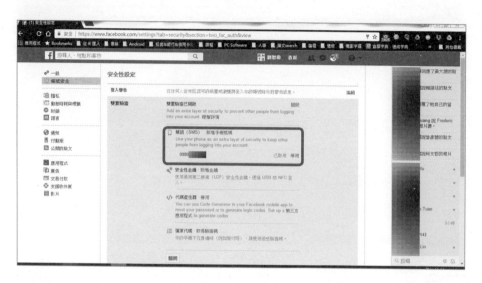

Step4 按下新增手機號碼，你的手機就會收到一封認證碼，再把這個認證碼輸入 FB 裡，就完成手機認證啦！

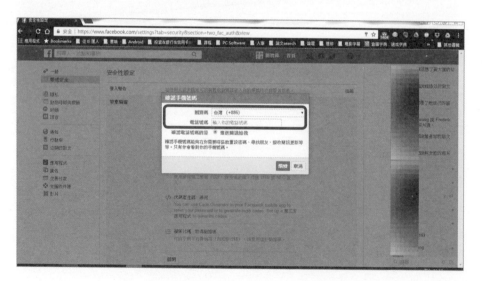

Step5 問題又來了，如果你哪一天心情好，在深山裡的民宿小木屋喝咖啡，
想用小木屋裡的電腦瀏覽 FB，慘了，手機沒訊號！收不到簡訊，那
不就糗大了！所以還有第二個方法，就是點一下代碼產生器：

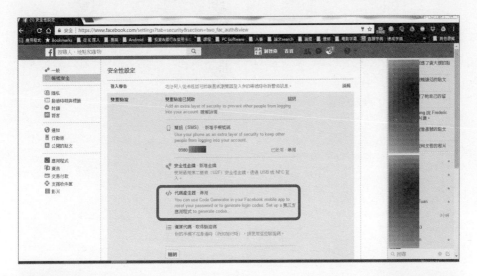

Step5-1 手機執行 Google Authenticator，按右下角＋號，選擇掃瞄條碼，就會產生 FB 的代碼，再把這個代碼輸入 FB 的安全驗證碼就完成認證了！

 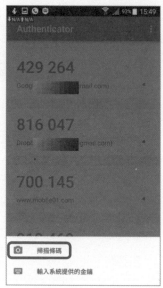

Step6 最後，再把雙重驗證功能開啟，會收到一封 FB 寄來的 E-mail，內容就是雙重驗證機制已經開啟：

如此一來,你的 FB 安全性就大大提升!正如前面所言,只要你手機不離手,這些帳號就不容易被盜!相反的,如果哪一天你換手機的話,記得要先在新手機安裝 Google Authenticator ,然後把所有需要雙重驗證的帳號都先認證完畢,不然就什麼帳號都沒辦法進入哦!

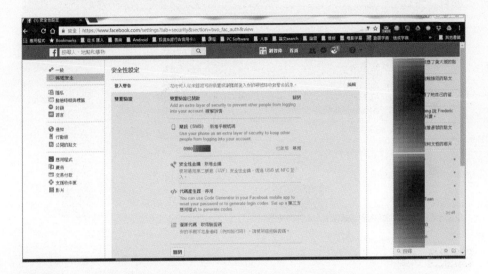

Step7 很多同學喜歡玩心理測驗,要小心這些連動帳號程式,是不是值得信任!資料一不小心就會被利用囉!

Step8 從別人的角度檢視自己的臉書，看看你公開的資料有沒有不妥的地方。

Step9 把你的個資，非必要公告的通通隱藏起來，設定為「只限本人」，生日資料也可以隱藏哦！

Step10 如果有惡意或廣告貼文標註到你，為了避免這類貼文流竄，請在
「動態時報與標籤」裡，「我該如何管理別人加上的標籤以及標籤
建議？」設定成「只限本人」。

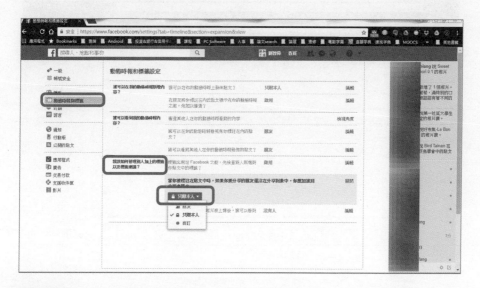

Step11 在「公開的貼文」裡，可以設定公開貼文的留言、公開貼文的通
知、公開的個人檔案資料，可以避免陌生人在你的貼文上亂留言！

Step12 不想被 FB 的廣告商知道你太多個資，你可以在「廣告」裡面，設定你的資料為關閉。

第二節 Instagram 介紹

以前，大家放閃照的地方，不外乎就是 FB，最能快速的分享照片、影片，但現代人不甘寂寞，不會只放一個平台，那如何能一張張貼，多個地方放閃呢？答案就是 Instagram！但前提是你要先在要張貼的平台上完成註冊，例如 FB、Twitter 等等，Instagram 還支援簡單的照片、影片編輯哦！馬上來試試看吧！

Step1 請在 Google Play 上搜尋 Instagram 並安裝。

Step2 執行後的畫面，進行註冊並
輸入一些個人資料。

Step3 連結你有註冊的分享平台。

Step4 你可以先欣賞別人張貼的照
片或影片。

Step5 按下中間的「＋」號，就
可以進行拍照功能。

Step6 如果你是吃重鹹的分享愛好者，也可以選擇「直播」的功能！

Step7 拍完照之後，就可以進行編排。

Step8 選好照片之後，就可以進行特效處理，例如照片翻轉、鏡像效果等等。

Step9 下一步就可以設定濾鏡特效。

Step10 最後選擇你要分享的地方，再按下右上角的分享就完成囉！（筆者生性低調，所以只有註冊 FB 和 Twitter。）

Step11 如果不想被陌生人看到你的 IG，按下右下角的「人頭」，將「帳號設定選項」的「不公開帳號」設為開啟即可！

以上就是 Instagram 的介紹，要請同學注意的是，有些太私人的照片或影片，在上傳網路之前要多想想，因為一旦分享放上網路，就像變了心的男（女）友，回不來了！當然更要注意筆者一直注重的資訊安全，才不會被盜帳號哦！

第三節 拍賣 APP

現在市面上有很多拍賣平台，筆者實地使用過之後，感覺蝦皮平台的安全性和實用性上很容易上手，只要你有一支有門號的智慧型手機、一個銀行帳號、一個要拍賣的物品，就可以進行拍賣了！超方便的！同學們的宿舍裡，一定有很多自己用不到的東西，就可以拿來賣出變現，以便有錢買新的東西，不是啦！資金能夠靈活運用，也是大學生應該要學習的技能之一，那我們就開始操作吧！

Step1 先把你要拍賣的東西，用智慧型手機拍攝下來，筆者之前就拍賣出一台 SONY A33 的單眼相機，筆者就以此為例，一台機身、一個標準鏡頭和兩顆原廠電池，因為現在手機的拍照功能都很強大，外出遊玩的時候，脖子背著一台 2 公斤的單眼相機一整天下來，的確是個不小的負擔，所以筆者就以 4,500 元臺幣想把它拍賣出去。

Step2 先用 Google Play 搜尋蝦皮拍賣，並安裝。

Step3 這是執行後的畫面，請按下「我的」進行設定。

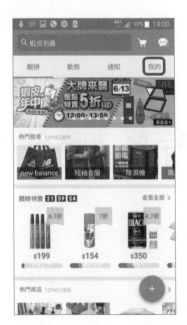

Step4 E-mail、手機號碼都綁定之後，點下「我的帳戶」進行細部設定。

Step5 裡面有「我的檔案」、「銀行帳號／信用卡」，這兩個要先設定。

Step6 「我的檔案」可以設定的有賣場背景、大頭照，還有一些個人資訊，同學可以依自己的情況設定，讓買家更快認識你哦！

Step7 接下來要設定一個銀行帳號，以後如果物品拍賣出去之後，款額才會匯進這個帳戶！

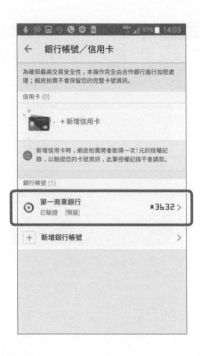

Step8 回到首頁畫面，按下右下角的紅色＋字號。

Step9 選「從相簿選擇商品照片」。

Step10 把照片傳上去之後，再把物品的細項填入，就可以把物品上架囉！

Step11 如果有買家下單購買，你就需要把物品寄出，請注意郵寄包裹有限制：

(1) 尺寸：材積 ≦ 45*30*30，最長邊 ≦ 45，其他兩邊則均需 ≦ 30（單位：公分）。

(2) 重量：重量 <5Kg。

你依據收到的畫面提示到 7-11 的 ibon 輸入這些資料，就可以把包裹寄出囉！

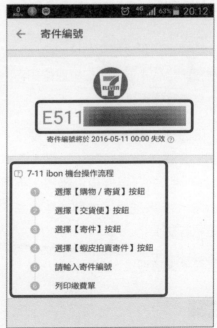

Step12 如果買家收到物品，開箱沒問題之後，蝦皮就會把款額匯到你的帳戶囉！

注意：最後提醒同學，網路上很多詐騙案發生，例如收不到款、收到假貨等等，務必依照蝦皮的流程一步步來，千萬不要私下交易。筆者曾經遇過一個案例，有一筆物品要賣 1,000 元，他希望筆者另立一筆拍賣，並標價 100 元就好，他會私下再匯 900 元給筆者，千萬不要上當！一切按照蝦皮的遊戲規則就對了，對買賣雙方都有保障！

第四節　oBike 介紹

　　同學到高雄或臺北遊玩的時候，坐捷運很貴、坐公車要等，如果只是短程距離坐計程車會遭天譴！

　　這時你如果有 oBike 就很方便了！甲地租乙地還，路邊有就可以借，隨時就可以在合法的路邊停車位歸還，不用像 YouBike 一樣要找特定地點才能租還！是不是超方便！

　　接下來請看操作方法囉！

Step1 先到 Google Play 搜尋 oBike 並安裝。

Step2 執行之後，你就會看到這個畫
面，每個小圖都是可以租借的
oBike，點一下下方「掃瞄開
鎖」，系統會請你先註冊。

Step3 先設定密碼，下面的勾勾請
勾選，再按下註冊。

Step4 接下來系統會請你輸入你的
手機門號。

Step5 系統會寄驗證碼到門號，
請在 2 分鐘內填入。

Step6 認證完成後，再按左上角三條線的圖案選擇「我的錢包」，選擇「支
付方式」，現在可以使用信用卡或金融卡扣款，筆者是先綁信用卡。

Step7 第一次租車時，會要求先付押金 900 元，當你以後完全都不會再租 oBike 時，可以全額退還哦！此時，就可以按下立即用車囉！

Step8 照著 oBike 裡的小圖案，找到最近的 oBike。

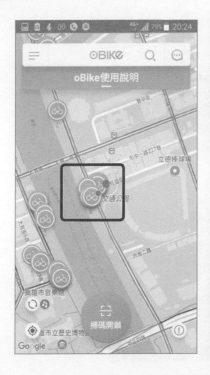

Step9 按下下方的掃碼開鎖，並對準車頭或車後輪罩的 QR Code。

Step10 掃瞄成功之後，系統會打開藍牙並與車鎖連結。

Step11 藍牙連結成功之後，就會聽到咔一聲，oBike 解鎖囉！並建議你戴安全帽再上路！開始騎車囉！

Step12 騎到目的地時，請務必把 oBike 停在路邊合法的停車格，再把車鎖上鎖，系統會計算你的路程和消耗的卡路里哦！

注意： oBike 是一種共享自行車，所以它的租金是依城市的具體情況而計費。高雄市正在推廣使用（2017/06），租 15 分鐘只要臺幣 2 元，租 1 個小時只要 8 元，租 2 個小時才 16 元，比 YouBike 更便宜、更方便！（之後租金可能會異動哦！）

NOTE

Week

15

生活 APP-2

第一節 情境介紹

　　人是群居的動物，會相互說話，交換意見經驗交流，在電腦及網路普遍以前，很多資訊是透過口耳相傳、張貼廣告的，例如筆者的岳父在三十多年前要買房子，是騎著機車挨家挨戶去找，看看有沒有門口貼著「售」字，反觀現在：打開電腦、連上網路，打開瀏覽器輸入某數字開頭的房屋交易網址，不論是新屋、中古屋，出售或出租，本地或外縣市，所有資源透明化。筆者今天要介紹一些大學生可以接觸、摸索看看的論壇 APP，方便在廣大的資源海裡，找到與你興趣相投的人。

第二節 PTT

　　相信對大部分同學而言 PTT 論壇並不陌生，幾乎所有的大學生都應該要來看一看，裡面的資訊相當多元，有校園、社團、音樂、遊戲、卡漫、心情、文學、政治、體育等等，你可以在這裡找到很多教科書裡面沒談的資訊，相對的，因為資訊太多，也有可能充斥著假消息或負面消息，同學們要有思辨能力，不可盡信網路消息！因為筆者是標準的「潛水夫」，所以在 PTT 上只瀏覽，不留言，所以筆者要介紹的是 Google Play 上的一套 APP，名字是「批踢踢一下」，它可以很方便的瀏覽 PTT 上的訊息而不用先註冊！

Step1 請開啟 Google Play，輸入「PTTNOW」並安裝。

Step2 開啟「PTTNOW」，筆者建議從「熱門看板」進入。

Step3 選擇你有興趣的看板進入，例如喜歡去日本的，就可以點 Japan_Travel，裡面就有很多鄉民[1]會提問，當然也有很多鄉民會回覆問題，也許那個問題就是你想到的問題，例如交通問題啦、住宿問題啦；如果你喜歡看電影，就點選 movie 版，裡面就有很多院線片的熱議，目前最新上映的是《神力女超人》（Wonder woman），但在觀看討論的同時，也很有可能會踩雷[2]哦！Enjoy it！

---

1. 在 PTT 的世界裡，每個人都以鄉民自稱。

2. 踩雷，顧名思義就是踩到地雷，鄉民可能在討論期間有意或無意透露出劇情，若尚未觀賞該片的人，就會知道劇情內容，我們稱之為踩雷。但有時去餐廳吃飯，吃到不好吃的餐點，我們也稱作踩雷。

Step4 如果你只有電腦，而不想用手機瀏覽文章，你也可以使用 Google Chrome 瀏覽器輸入網址：https://www.ptt.cc/bbs/index.html ，也是可以瀏覽 PTT 上的文章哦！如果你不甘心當個專業的潛水夫，當然也可以註冊一個帳號來發言，但請記住，你在網路上漫罵、散播不實的訊息、霸凌其他鄉民等等，可能會引來法律責任的問題哦！

第三節 Dcard

上一節介紹的 PTT 論壇適合普羅大眾閱讀，還有一種論壇，是專門針對學生的就是 Dcard ，Dcard 在註冊時，就要輸入校名、科系名稱和以 .edu.tw 結尾的 E-mail ，所以趁有學生身分的時候，趕快註冊吧！

Step1 在 Google 上搜尋 Dcard。

Step2 輸入你常用的 E-mail 當帳號，以及你自己知道的密碼，然後按下立即
註冊。

Step3 到你的 E-mail 裡收認證信，並點擊連結以完成註冊，還要準備一張生活大頭照，Dcard 的小編會審核，這樣才能進行「抽卡」！

Step4 當你完成大頭照認證之後，就可以參加抽卡，每天只能抽一張卡，如果雙方都有按下「送出邀請」，你們兩個就可以變成好友哦！這樣一來，就可以認識不同學校的同學。但如果只有單方按下「送出邀請」，則無法配對成功！只能等明天再抽卡囉！

Step5 點選左邊「我的訂閱」，點選你感興趣的類別，Dcard 就會挑出這些類別的文章讓你閱讀。

Step6 你可以看到你註冊時填入的學校名稱，點進去之後，就可以看到跟學校有關的話題，例如哪一門課好不好過啊、宿舍晚上很吵、很靠北……邊走。

Step7 按一下右上方的人形小圖，可以設定自我介紹，讓大家更快認識你。

第四節 論壇介紹

另外要介紹這個論壇：https://www.mobile01.com ，舉凡吃、喝、玩、樂、天上飛的、地上爬的、水裡游的等等話題，在這個論壇大多都能找到，是很不錯的生活論壇哦！

另外，如果你是 Android 的使用者，可以來逛逛這個 https://apk.tw/forum.php 論壇！它有很多好用、好玩的 APP；手機問題解決的方法，如果想要增進手機技能，這個論壇別錯過！

　　以上是本章介紹的生活 APP，要提醒同學們，網路上資訊多采多姿，也有裹著糖衣的毒藥，在網路上交友、發言，都要注意，不可誤觸法網，或把自己陷入危機當中！

Week

16

生活 APP-3

第一節　情境介紹

　　有一天你在網路上瀏覽一些文章，很喜歡它的內容，想以後再細細品味，或是想分享給朋友，有沒有比較方便的方法呢？

　　有的！就是 Evernote！它還可以將文章分門別類，例如分成電腦類、課程相關類、室內設計類、藝人八卦類、新聞類等等，以後要再閱讀的時候，很快就可以找到囉！

　　那我們就開始試用看看吧！

第二節　實際操作

Step1　先到 www.evernote.com 首頁。

Step1-1 按下右上角三條槓的圖案，選擇註冊。

Step1-2 填入你想註冊用的 E-mail 和密碼，建議使用學校的 E-mail ，比較不容易忘記，按下建立帳戶就可以完成註冊囉！

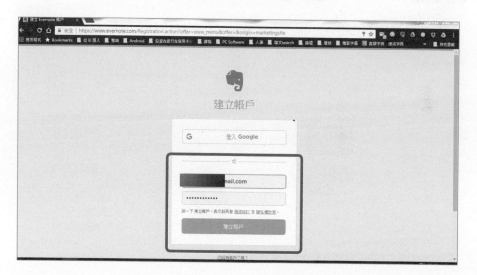

Step2 帳號建立完之後，請按 Google Chrome 瀏覽器右上角的三個點點，選擇「更多工具」，再選「擴充功能」。

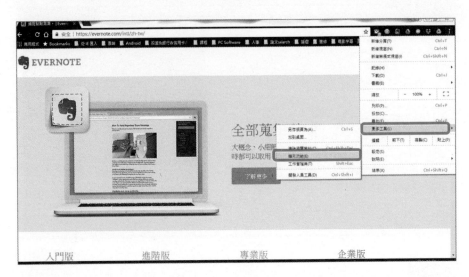

Step2-1 搜尋 Evernote Web Clipper ，點選「加到 CHROME」。

Step2-2 Evernote 擴充功能就會加到 Chrome 瀏覽器囉！

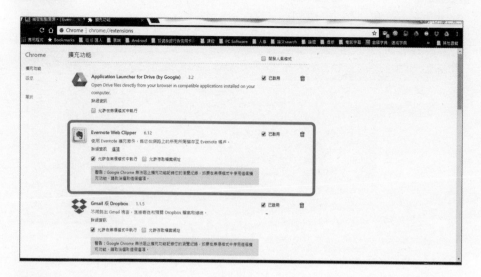

Step3 按一下右上角 Evernote（象頭）的小圖案，設定好當初註冊的帳號、密碼之後，就可以開始使用截取網頁的功能囉！例如我們瀏覽到這篇旅遊內容，覺得很好，想存起來以後參考使用。

Step3-1 只要再按一下 Evernote 小圖案，選擇或新增要存放的類別就完成囉，是不是很方便！

Step3-2 Evernote 正在擷取網頁資料中。

Step3-3　完成擷取後，就可以存在你的帳號裡，以後再來觀看，是不是相當
方便！

Step4　在電腦上擷取網頁內容不稀
奇，因為每個人有更多的時
間會接觸到手機，所以手機
也要安裝 Evernote，才能完
全發揮它擷取資料的功能！
先 在 Google Play 上 安 裝 好
Evernote 並登入之後，就可
以看到在電腦版擷取的內容
哦！

Step5 接下來我們就開始用手機瀏覽、閱讀各種資訊，如果有看到要存檔的內容，就按下分享的小圖案。

Step6 選擇「新增至 Evernote」。

Step7 就可以看到這篇內容已經被收錄到 Evernote 囉！

Step8 我們使用另外一套 Flipboard 來實作，它也是一套閱讀功能很強、很方便的 APP。

Step9 選定好文章之後，點選右下角的三個點點圖案。

Step10 選擇分享。

Step11 再選擇「新增至 Evernote」。

Step12 剛剛那篇文章就被我們收錄起來囉！超好用的功能，以後找到報告要用的資料時，就可以用這個方法先存起來哦！

Step13 如果你怕 Evernote 帳號被陌生人竊取，你也可以使用我們之前教過的 Google Authenticator 兩步驟驗證功能哦！首先在網頁版的畫面按下左下角的設定圖案。

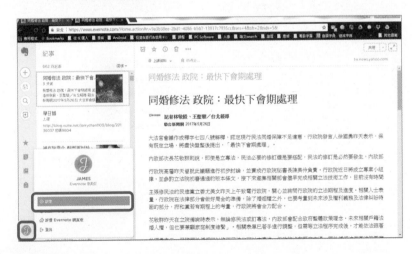

Step14 再選安全性摘要。

Step15 啟用兩階段安全性認證，使用 Google Authenticator 掃瞄畫面上的 QR
Code。

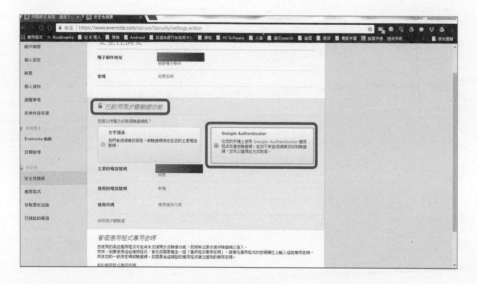

Step16 Google Authenticator 就會產生 Evernote 專用的認證碼。

Step17 如此一來，只要你的手機不遺失，就不用怕帳號被盜取囉！

第三節 情境介紹

前幾天，發生了 WannaCry 勒索病毒，中了這隻病毒的話，它會把電腦裡的檔案加密，並要求在七天內付贖金，否則只能跟這些檔案說 Bye Bye，如果中毒的檔案都是一些不重要的檔案那就算了，但如果中毒的是期末報告、口試論文、重要的照片、公司商業機密文件，那就不是說 Bye Bye 就能解決的了！

所以平常就要有備份重要檔案的習慣！一旦遇到中了勒索病毒、硬碟故障、電腦被潑到水（別說不可能），你還是可以很優雅的喝個咖啡後，再來處理這種「簡單問題」！

筆者今天要介紹的就是超好用的 Google 雲端硬碟，每個帳號可以有 15GB 的硬碟空間，如果你只是存放重要資料，而不要放一些謎之音的檔案，15GB 應該是很夠用了。另外，如果你是使用學校單位的 Google 帳號，那麼它的雲端硬碟空間是無上限！哇，太驚喜了！那我們就開始吧！

第四節　實地操作

Step1 Google 一下「雲端硬碟」。

Step2 選擇下載 PC 版本，然後安裝。

Step3 安裝完成之後，你會發現 Windows 右下角多了一個雲端硬碟的圖案。

Step4 點一下雲端硬碟，點擊右上角三個點點圖案，再選擇偏好設定。

Step5 你可以選擇把雲端硬碟上的資料跟你的電腦硬碟作同步處理，Google 雲端硬碟就會自動備份到雲端上！但如同開場講的，如此一來 15GB

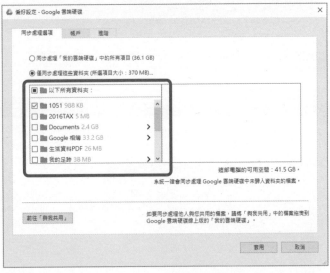

就會不夠用，所以建議像筆者這樣，只要同步某一個重要資料夾即可，通常我們可以設定Windows裡的「文件」來作同步，因為很多軟體的存檔預設路徑就是在文件，存檔之後就會自動備份到雲端，如此一來資訊安全就方便多了！

Step6 如果你有多個 Google 帳號，也可以變更雲端硬碟帳號。

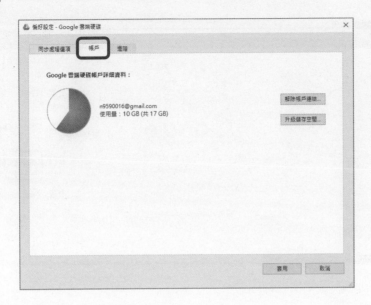

Step7 如果家裡的網路頻寬不是很大，或是有人在打 LOL ，需要大網路頻寬時，你就可以限制上傳、下載的網路速度。

Step8 使用 Google Chrome 瀏覽器，登入你的雲端硬碟。

可以看到你的雲端硬碟的內容。

Step9 你只要把想要上傳到雲端硬碟的檔案，拖到瀏覽器裡，它就會自動上傳到雲端硬碟裡。

Step10 在雲端硬碟的檔案上，按下滑鼠右鍵選擇共用。

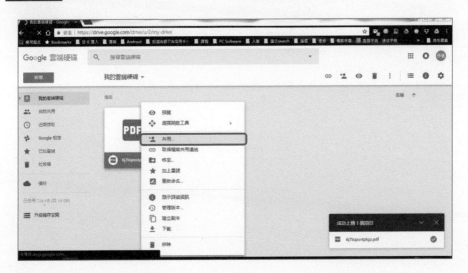

Step11 再輸入對方的 E-mail ，就可以進行檔案共享囉！是不是很簡單啊！

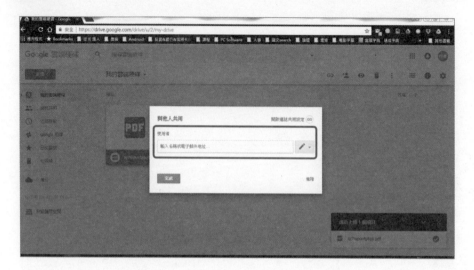

Week

17

生活 APP-4

第一節　情境介紹

　　在筆著還是學生的時代，身上帶的是 B.B. CALL，只能單向接受數字訊息，然後就要趕快找公用電話回電，看看是什麼人在找，但學生太窮，一人租不起一個門號，只能夠共用一個門號，例如 12345678，但多人共用一個門號，如何知道這訊息是留給誰的？就要在門號後面加上 #31，所以當時要找筆者的 B.B. Call 的話，就要撥打 B.B. Call 門號 #31# 回撥電話，例如 12345678#31#87654321，這時所有共用門號的 B.B. CALL 都會響起並收到 #31#87654321，看到 #31 就知道是找筆者的，後面就是要筆者回撥的電話號碼，好麻煩的訊息溝通！

　　如今，人手一支智慧型手機，也不再需要記一大堆代碼，直接拿起來就可以傳訊息給對方了！多方便，甚至還可以拍照、錄影、直播！我的老天鵝，如果你還不知道筆者在說什麼東西的話，那真的會趕不上潮流哦！

　　在臺灣，大多數的智慧型手機使用者，都已經安裝使用 LINE，所以筆者不打算撰寫如何安裝 LINE，而是要講一下使用安全事項。

第二節　LINE 安全事項

Step1 先點擊有三個點點的圖案進入「其他」功能頁後，再按右上角的齒輪圖案。

Step2 選擇個人資料。

Step3 如果你不想讓別人利用 ID 搜尋到你，就把勾勾拿掉。

Step4 點選我的帳號，如果你的 LINE 只會在你的手機上使用，那你就可以把允許自其他裝置登入的勾勾拿掉，可以間接避免被盜的風險！

Step5 點選登入中的裝置，這些是曾經登入過你的 LINE 的資訊設備，如果你覺得怪怪的，不是你認識的裝置，就把它登出吧！

Step6 點選隱私設定，如果你不想要不認識的人加你的 LINE，那就把允許好友邀請的勾勾拿掉。

Step7 如果你換了新手機，想要把 LINE 帳號移到新手機使用，才需點選移動帳號，而移動完成之後，要記得再設定回 OFF 哦！這也是避免被盜帳號的機制之一。

Step8 在基本設定裡，按下好友，裡面有個允許被加入好友的功能，這個功能打勾的話，對方的通訊錄留有你的電話號碼時，LINE 就會自動加他為好友！如果不想被不認識的人騷擾，就把這個勾勾拿掉吧！

第三節　BeeTalk 介紹

　　BeeTalk 也是很多學生會安裝的通訊軟體，它最方便的功能就是可以搜尋你附近的 BeeTalk 使用者並聊天，快速的認識新朋友哦！

Step1 在 Google Play 上搜尋 BeeTalk，並安裝。

Step2 按下註冊。

Step3 輸入你的手機號碼，再按下繼續。

Step4 剛剛輸入的行動電話號碼，是為了要接收認證簡訊。

Step5 收到簡訊之後，把認證碼輸入到如下的畫面裡，如果1分鐘內還是沒收到簡訊，就再按一下重新發送。

Step6 通過簡訊認證之後，繼續輸入一組密碼。

Step7 也許你有朋友已經在使用 BeeTalk 了，你就可以在這個步驟按下確認，BeeTalk 會去你的手機通訊錄裡，找出有使用 BeeTalk 的朋友，並加入好友名單。

Step8 一切都完成後，就會看到這個畫面。

Step9 按下左下角的找朋友，並按下開啟定位功能。

Step10 就可以找到在你附近也有在
使用 BeeTalk 的朋友囉！你可
以加他們為好友，如果對方
也同意你加好友，你們就可
以開始對話。

Step11 點選右下角的發現，可以
選擇你有興趣的版並加入
討論，例如電影版、命理
版、電視劇版，你就可以
找到你的同好哦！

第四節　WeChat 介紹

接下來要介紹的是 WeChat 軟體，
它與其它的交友軟體大同小異，只是使
用的人更多，且遍布世界各地。

Step1 在 Google Play 裡搜尋 WeChat，
並安裝。

Step2 開啟後，按下註冊。

Step3 輸入你的暱稱，選擇臺灣地區，輸入你的手機號碼和登入密碼之後，按下註冊。

Step4 不久，你就會收到 WeChat 寄來的認證簡訊，輸入認證號碼。

Step5 WeChat 跟 BeeTalk 一樣，也會搜尋你手機通訊錄裡，有在使用 WeChat 的名單，並加入好友名單。

Step6 這就是完成畫面囉！

Step7 按一下下方的發現鈕。

Step8 選擇附近的人，按開始查
看。

Step9 就可以找到在你附近，而且也
有在使用 WeChat 的人哦！把
你的麻吉加進來吧！

Step10 按一下搖一搖鈕,看完
注意事項之後,點選我
知道了。

Step11 這時搖一搖你的手機,小心不要
甩出去了,WeChat 會去配對地
球上當時有在用 WeChat,而且
也在搖手機的人,所以很有可能
會找到千里、萬里之外的人哦!

Step12 按一下我的設定,點選帳號與安全。

Step13 設定一下 WeChat ID，方便別人找到你哦！

Step14 再設定電子信箱，之後忘記密碼的時候，才有機會收到認證密碼。

以上是 BeeTalk、WeChat 交友通訊軟體的簡介，要注意的是，網路上充滿各種形形色色的人，有的人很會聊天，把你誇獎讚美的天花亂墜、心花怒放的，記住！對方也許不安好心！防人之心不可無！

不要單獨在偏僻的地方與網友見面，也不要有金錢上的牽扯，更不要張貼清涼的照片或影片給對方，以免將來後悔莫及！

NOTE

Week

18

期末考

NOTE

NOTE

NOTE

NOTE

NOTE

NOTE

讀者服務

感謝您購買藍海文化圖書，如果您對本書或是藍海文化有任何的建議，都歡迎您利用以下方式與我們連絡，但若是與軟體有關的問題，請您向軟體廠商或代理商反映，以便迅速解決問題。

藍海文化網站：http://www.blueocean.com.tw

聯絡方式

客服信箱：order@blueocean.com.tw

傳真問題：請傳真到(02)2922-0464 讀者服務部收

如何購買藍海叢書

門市選購：

請至全國各大連鎖書局、電腦門市選購。

郵政劃撥：

請至郵局劃撥訂購，並於備註欄填寫購買書籍的書名、書號及數量。

帳號：42240554　戶名：藍海文化事業股份有限公司

採取劃撥訂購方式可享9折優惠，折扣後金額不滿1000元，需酌收運費80元。

工作天數（不含例假日）：劃撥訂購7～10天

（為確保您的權益，請於劃撥後將個人資料、訂購單及收據傳真至02-2922-0464）

瑕疵書籍更換

若於購買書籍後發現有破損、缺頁、裝訂錯誤之問題，請直接將書寄回，並註明您的姓名、連絡電話以及地址，藍海文化將盡速為您更換產品，並寄一本新書給您。

學校團購用書，請洽藍海文化全國服務團隊，專人將為您服務。

台北：新北市永和區秀朗路一段41號　　　　高雄：高雄市五福一路57號2樓之2

電話：(02)2922-2396　傳真：(02)2922-0464　　電話：(07)2236-780　傳真：(07)2264-697

234
新北市永和區秀朗路一段41號
藍海文化事業股份有限公司

市　　　區　　路　　巷　　段　　號　　樓
縣　　　　　　街

- -

讀者回函卡

讀者回函

感謝您購買藍海文化出版的書籍，您的建議對我們十分重要！因為您的寶貴意見，能促使我們不斷進步，繼續出版更實用的書籍。麻煩您填妥以下資料，寄回本公司（正貼郵票），您將不定期收到最新的新書訊息！

購買書號：_____　書籍名稱：_____

● 讀者基本資料

姓名：_____　性別：□男　□女　　生日：　　年　　月　　日

電話：_____　電子郵件：_____

地址：_____

職業：□資訊相關　□金融業　□公家機關　□學生　□其他

學歷：□大學以上　□技職學院　□高中職　□其他

● 您對本書的看法

您從何處得知本書的訊息：□書店　□電腦　□賣場　□其他

您在何處購買本書：□書店　□電腦　□賣場　□郵購　□線上購書　□其他

您對本書的評價：

封面：□佳　□好　□尚可　□差　　　內容：□佳　□好　□尚可　□差

排版：□佳　□好　□尚可　□差　　　印刷：□佳　□好　□尚可　□差

其他建議：_____

● 給藍海文化的建議

您購買資訊書籍的考量因素（可複選）：

□內容豐富易讀　　□印刷品質佳　　□封面漂亮　　□光碟附加價值　　□價位合理　　□出版社

□口碑　　　　　□親友老師推薦　□其他

您感興趣的資訊書籍類型（可複選）：

□程式語言　□多媒體影音　　□網頁設計　　□繪圖軟體　□3D動畫／設計　□作業系統

□資料庫　　□辦公室商務類　□考試證照類　□其他

您下次會不會再考慮購買藍海文化的書籍？□會　　□不會

為什麼？_____

是否願意收到藍海文化新書資訊或電子報？□願意　　□不願意

● 其他建議與看法

_____

_____

教學啟航　·　知識藍海

藍
海
文
化

Blueocean

www.blueocean.com.tw